U0182020

电网工程数据管理技术与应用实践

袁兆祥　张亚平　张　苏　荣经国　等 编著

黄河水利出版社
·郑 州·

内 容 提 要

本书从电网工程数据涵盖的信息出发,介绍了电网工程数据特点及工程数据管理内容,围绕数字化移交、数据组织与存储、数据检索、数据融合转换、数据可视化等相关内容进行了阐述,并对电网工程数据在电网工程建设中的应用进行了说明展示。

本书可供国内从事电网工程数据资产管理工作的各级管理人员、科研人员以及其他读者阅读参考。

图书在版编目(CIP)数据

电网工程数据管理技术与应用实践/袁兆祥等编著. —
郑州:黄河水利出版社,2023.10
ISBN 978-7-5509-3760-4

Ⅰ.①电… Ⅱ.①袁… Ⅲ.①电网-电力工程-数据处理-
研究　Ⅳ.①TM76

中国国家版本馆 CIP 数据核字(2023)第 200033 号

组稿编辑:王志宽　电话:0371-66024331　E-mail:278773941@qq.com

责任编辑	乔韵青	责任校对	周 倩
封面设计	黄瑞宁	责任监制	常红昕

出版发行　黄河水利出版社
　　　　　地址:河南省郑州市顺河路 49 号　邮政编码:450003
　　　　　网址:www.yrcp.com　E-mail:hhslcbs@126.com
　　　　　发行部电话:0371-66020550
承印单位　河南新华印刷集团有限公司
开　　本　710 mm×1 000 mm　1/16
印　　张　8
字　　数　139 千字
版次印次　2023 年 10 月第 1 版　2023 年 10 月第 1 次印刷

定　　价　75.00 元

《电网工程数据管理技术与应用实践》

撰写人员

袁兆祥	张亚平	张　苏	荣经国
韩文军	王　浩	武宏波	刘海波
孙小虎	张济勇	赵春晖	吴　琼
余春生	王　磊	张　梁	彭　晶
蒋　毅	马唯婧	张卓群	苑　博
高群策	李沛洁	于光泽	穆伟光
李丹利	周　蠡	陈　然	李智威
左　超	司晋新	李铁臣	

前　言

在当今信息时代,数据已经成为驱动各个行业和领域发展的不可或缺的重要资源。大量的数据不仅涵盖了从生产、销售到客户反馈等各个环节,还包括了社会、环境、经济、科技等广泛领域的信息。然而,这些海量数据如果不能被高效地管理和应用,就如同埋藏在深海中的宝藏,无法发挥其真正的价值。

数据管理作为信息化的关键领域,旨在解决数据采集、组织、存储、处理、应用、分析、共享和保护等方面的挑战。它涵盖了从数据的规划、生产、消费到最终转化为决策支持和业务优化的全过程,是发挥数据价值、支撑业务发展的重要保障。

电网工程数据是电网工程建设过程中产生、收集的数据,包括电网工程项目前期、工程前期、建设施工、竣工验收等电网工程建设全过程所面对的管理和应用数据。随着电网数字化发展,电网工程数据来源、数据类型在不断增多,数据内容在不断丰富,数据量也在不断加大,电网工程数据管理面临着数据管理应用技术与电网数字化发展需求不匹配的挑战和难题。

本书针对电网工程数据多源异构、海量、关联难度大、检索应用复杂的特点,重点围绕数字化移交、数据组织、数据检索、数据融合、数据可视化、数据应用等方面的问题和技术点开展电网工程数据管理研究与实践;面向电网数字化发展需求与发展趋势,研究构建以三维数字化模型为核心的电网工程数据管理技术支撑能力,推动电网工程数据的全环节应用,提升电网工程建设管控和专业管理水平。

在成果梳理和集成过程中,创新团队成员协同合作、相互启发,在此对他们表示感谢!书中引用了国内外许多学者、专家的有关研究成果,在此一并致谢!

由于作者水平有限,本书在一些方面还存在不当之处,敬请同行学者批评指正!

作 者

2023 年 9 月

目　录

第1章 电网工程数据管理概述

1.1 电网工程数据简介

电网工程数据是电网工程建设过程中产生、收集的数据,是对工程物理实体的详细数字化描述,包括电网工程项目前期、工程前期、建设施工、竣工验收等电网工程建设全过程所面对的管理和应用数据,蕴藏着工程设计信息、建设管控状态、管理精度和效率等丰富信息。

电网工程数据管理对象包括工程建设全生命周期各阶段成果数据和工程建设过程各类专题类数据,如图 1-1 所示。

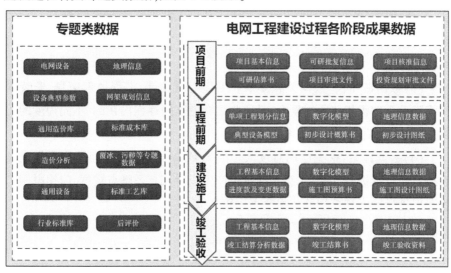

图 1-1 电网工程数据管理对象

电网工程数据主体内容包括三维设计模型数据、工程地理信息数据、文档资料等;数据类型涵盖结构化、半结构化、非结构化;工程实体表现形式包括三维模型、二维图纸、航测摄影等。其中,三维模型又有几何参数数据、矢量数据、栅格数据等格式,有按照业主要求完成的标准化的三维设计模型数据,有来自不同厂商的、私有格式的设计原文件或装配模型数据。总之,电网工程数据来源多样、内容不同、格式各异,电网工程数据的管理和应用面临极大的挑战。

1.2　电网工程数据的特征

随着新型电力系统建设的发展,电网工程数据来源、数据类型在不断增多,数据量在不断加大,数据内容也在不断丰富,表现出如下特征:

(1)以数字化三维模型为底座。随着电网数字化的发展,数字孪生技术在电网建设运行管控中逐步应用,电网工程数字化三维模型作为电网工程数据底座的需求越来越大。

(2)数据标准、规范不统一。数据生产者来自电网工程不同阶段,包括厂商、设计、施工、监理等不同相关方。由于数据标准不统一,电网工程所表达的对象实体,或同一实体在不同建设阶段的描述方式、数据格式、数据层级不同,结构多样。

(3)数据链路长、数据关联复杂。工程勘测设计、工程地理信息、安装调试等建设全过程相关数据量大,且这些数据相互间存在内在的、不同程度的关联关系,关联关系的梳理难度比较大。

(4)数据检索、挖掘应用难度大。因为多源异构数据处理及数据集成融合技术还有待提升,同时工程不同阶段产生大量冗余及噪点数据,应用电网工程数据进行检索和挖掘的技术要求比较高,难度大。

1.3　电网工程数据管理内容

数据管理涵盖了数据从产生到归档的全过程,包括多个方面内容:数据标准规范、数据采集与录入、数据组织与存储、数据预处理、数据检索、数据展示、数据应用与共享、数据安全、数据质量、数据治理等。

基于电网工程数据多源异构、海量、关联难度大、检索应用复杂的特点,本书所涉及的工程数据管理内容重点围绕以下几个方面:

(1)数据移交。通过数字化的管理手段收集、汇聚电网工程建设各阶段产生的数据,支撑工程建设运行下一环节的数据应用。

(2)数据组织。将采集的数据按照合适的结构进行组织和存储,以便后续的检索、查询和分析。

(3)数据检索。建立各类数据的检索方法,以便快速、准确地检索和访问数据,提高数据的可用性。

(4)数据融合。将电网工程不同来源、海量异构数据进行序列化、抽取、转换、整合等操作,为应用场景提供更丰富的信息。

(5)数据可视化。将电网工程数据以三维形式进行可视化展示,以便决策者更好地理解和利用数据。

(6)数据应用。应用信息化手段,面向业务应用对数据进行提取处理、交流交互、分析挖掘等,支撑业务操作或管理。

1.4 电网工程数据管理面临的挑战

基于电网工程数据管理内容及电网工程数据特点进行分析,电网工程数据管理主要面临如下挑战。

1.4.1 电网工程数据价值链整合的挑战

工程建设全过程的参与者众多,价值活动间存在不同程度的联系,数据应用、数据检索、交互需求广泛。在此情况下,需要更好地组织数据,有效整合处理多源异构的电网数据,支撑用户快速检索或交互共享,有效支撑数据价值链整合,是电网工程数据管理面临的挑战。

1.4.2 电网工程数据融合共享的挑战

电网公司高度重视电网数字化工作,电网工程数据面向"电网数字化"核心需求,提出了电网工程三维设计及建设要求。在电网工程三维设计及建设过程中,将产生海量包含地理信息及电网本体数据在内的多源异构工程数据,增大了数据融合和共享难度。如何利用高效的数据融合共享的方法,实现工程三维数字化成果的管理及应用是我们面临的挑战。

1.4.3 电网数字化成果创新应用的挑战

目前,电网工程全生命周期的不同阶段,前一阶段积累的海量数据未能在后续电网建设运行中得到有效应用。如何充分挖掘利用电网工程数据蕴涵的业务或管理价值,推进电网建设管控的数字化、精益化、智能化进程,是电网工程数据管理面临的又一挑战。

为提升电网工程建设管控和专业管理水平,促进电网数字化、智能化,面对电网工程数据管理的挑战,我们就数据移交、组织、检索、融合、可视化及数据应用相关内容开展了研究探索。研究构建以三维数字化模型为核心的电网工程数据管理技术支撑能力,推动电网工程数据的全环节应用,发挥电网工程数据的价值。

第2章 电网工程数字化移交

2.1 电网工程数字化移交简介

电网工程数字化移交是获取并归集管理电网工程数据的重要途径。电网工程建设全过程,从规划设计到施工建造再到竣工验收,每个阶段、每个参与单位都会有自己的数字化成果,然而这些数据是电网工程数据的重要组成,是构建数字电网的数据基础,这些数字化成果往往散落在各个数据生产者手里。电网工程数字化移交是在电网工程建设全生命周期,及时收集整理电网工程数据并移交给下一阶段,及时提供电网建设施工、安全生产所需数据,避免后续阶段工程数据的重复收集及重复建模工作,促进工程建设质量、电网安全生产与电网运维效率的提升。

2.2 电网工程数字化移交标准

电网工程数字化成果向下一阶段移交时,由于不同阶段关注的信息不同,使用的信息系统、软件和数据格式等也不同,可能出现重要信息缺失和数据无法使用的情况。移交的最佳实现方式是尽早建立数据"合作"环境,使电网工程建设各相关方在数据移交过程中达成共识,按照既定的数据规则,将工程规划建设过程中和竣工投产时产生的、计算机可处理且工程建设运行需要使用的有关数据,采用便于信息系统实施的方式移交给下一阶段的工程数据消费者,实现数据移交。

工程数据移交经过十几年的发展,国际标准化组织和行业组织已制定了一些相关标准和指南作为数据移交的参考依据,重点在流程工厂领域,尚缺乏电网工程领域的数据移交标准。如 ISO 15926 工业自动化系统和集成系列标准,用于规范石油、天然气生产设施领域中设计、构建和管理流程工厂过程中所涉及的计算机系统之间的数据集成、共享、交换和移交。

《输变电工程数据移交规范》(GB/T 38436—2019)于 2019 年 12 月发布,填补了国内外输变电工程建设领域的数据移交标准空白,规定了输变电工程数据移交的流程、方法、内容和要求,确保工程参与方依据移交策略和方案实施数据采集、存储、处理和移交,为电网工程数字化建设与应用奠定了数据基础。国家电网公司高度重视工程数字化移交工作,为加快推进三维设计和工程数据中心建设工作,分别于 2019 年 2 月和 10 月先后发布了企业标准《输变电工程数字化移交技术导则 第 1 部分:变电站(换流站)》(Q/GDW 11812.1—2018)、《输变电工程数字化移交技术导则 第 2 部分:架空输电线路》(Q/GDW 11812.2—2018)、《输变电工程数字化移交技术导则 第 3 部分:电缆线路》(Q/GDW 11812.3—2018),规定了输变电工程相关的数字化移交总则、一般规定,移交流程,移交内容,移交文件存储结构、格式与命名规则,移交成果审核的技术要求,标准适用于 110(66) kV 及以上新建输变电工程初步设计、施工图设计和竣工图编制阶段的数字化移交。

数字化移交标准的发布实施,使得数字化移交工作从电网工程建设全过程入手,对全局进行统筹考虑。在电网工程建设初期就按统一标准对实体成果进行数字化,当电网工程实体向下一阶段移交时同步移交数字化成果,避免数据重复收集。每一个阶段的工作除作用在电网工程实体外,也同时作用在数字化成果上,保证实体工程和数字化工程时刻保持一致。工程建设完成后,实体工程和数字化工程同步向运行移交,这个数字化工程不仅能精确、完整地反映实体工程的现状,还能在时间维度上进行回溯。

电网工程数字化移交示意见图 2-1。

2.3 电网工程数字化移交工作内容

参照《输变电工程数据移交规范》(GB/T 38436—2019),电网工程数据移交应包括制定移交策略、确定移交需求、制订移交方案、实施移交方案四个阶段(见图 2-2)。

(1)制定移交策略。数据移交要根据工程规模和业主需求制定移交策略,与数据移交的定义、目标、范围、内容、组织机构、信息系统、计划以及相关规定有关。比如,特高压工程的数据移交范围、内容及参与方与常规工程相比有明显区别。特高压工程移交要求较高,除满足常规工程要求的图纸、模型、原始文件外,还要求模型与技术规范书、图纸及档案资料的关联;还需要移交工程科研资料、主要工程技术指标、工程相关创新应用实践等相关资料,来满足特高压工程精细化管理要求。

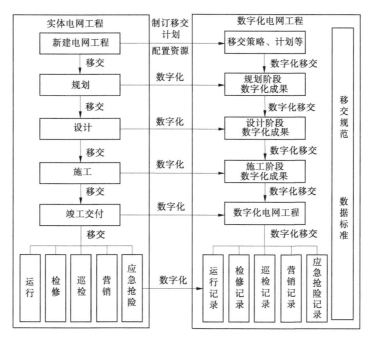

图 2-1　电网工程数字化移交示意

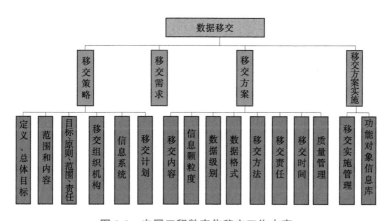

图 2-2　电网工程数字化移交工作内容

（2）确定移交需求。根据工程各阶段使用的数据确定移交需求。在确定需求时，应识别电网工程运行及维护阶段所有活动，包括常规操作、异常情况处理、维护以及扩建改造等的工程静态数据及动态数据，并归纳说明对移交数据的需求。典型的输变电工程移交需求包括施工阶段的施工管控、运检阶段的运行监控、应急抢修等。以应急抢修为例,基于移交的图纸、模型、属性、安装调试信息、地理信息等工程数据,至少有三个方面的需求:①事故灾害发生时,基于三维可视化的环境与移交的工程数据,及时制订救灾方案,比如制订工程机械进场、进站路线,查找最近的抢修队伍和救灾物资等;②事先模拟火灾、冰灾、滑坡等灾害事故,提前制订应急预案,日常可进行应急演练,关键时刻可以调取并根据实际情况完善后立即实施;③针对川藏等地形地质条件艰苦地区,可在竣工移交的数据基础上建设无人巡检平台,利用无人机、5G等技术,实现对高山大岭地区的远程管控。

(3)制订移交方案。移交方案需要覆盖数据格式、移交方法、移交责任、质量管理等内容。数据格式建议按照预先定义的公开结构格式而组织的数据,满足数据跨平台交互。移交工作宜通过电网工程信息系统完成,并遵循"谁产生、谁负责"的原则确定移交责任,数据生产单位负责数据创建、数据质量、数据安全、数据格式转换等,如设计单位负责设计阶段数据,施工、监理单位负责施工、安装、调试数据,供应商负责设备参数、说明书、开箱信息等,而业主单位负责运行维护信息系统。移交质量是数据移交工作的关键和难点,各参与单位应制订完整的数据移交质量管理方案,并将其作为工程整体质量方案的一部分,确立数据移交的质量管理目标、管理体系和管理责任,规范数据移交过程的管理流程,通过对数据移交主要过程的监控和分析,采取必要的改进措施,以确保移交数据的质量。

(4)实施移交方案。按照既定的电网工程数据移交策略和方案开展具体的移交工作,成立移交工作组,做好职责划分,在移交工作中和完成后,做好阶段总结和评估反馈,移交过程应全过程可管控、可追溯,以便持续改进移交工作。

2.4 电网工程数字化移交管理

2.4.1 电网工程数字化移交流程

从数据管理生产维护维度划分,移交工作相关人包括成果提供单位、成果审核单位、成果管理单位。成果提供单位将收集整理的数据及自检报告移交至成果审核单位,成果审核单位对各类数据进行审核,对不符合要求的部分数据反馈至成果提供单位进行修改,审核通过后将由成果管理单位接收各类数据并提供数据分发共享及维护等服务。

电网工程数字化移交相关单位及职责见图 2-3。

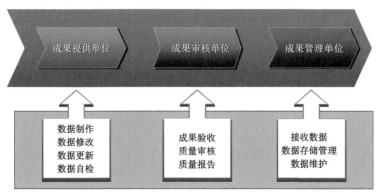

图 2-3　电网工程数字化移交相关单位及职责

移交流程可分为三个阶段:启动阶段、移交阶段和收尾阶段。首先由成果审核单位组织成果提供单位成立移交工作组,完成移交工作方案,形成移交工作大纲,移交工作大纲中需确定移交工作范围,明确划分各单位工作边线,确定人员分工,确定移交时间、移交方法。然后成果提供单位根据移交工作大纲和输变电工程三维设计等相关标准的要求制作数据,并进行自审后将自检报告及数字化成果移交至成果审核单位,成果审核单位按照移交标准进行规范性审查,如成果不符合要求,将出具质量缺陷记录表反馈给成果提供单位,待修改后再次移交,直至成果完全符合审核要求,由成果审核单位形成验收审查意见,并将成果移交至成果管理单位,由成果管理单位进行数据接收、管理及维护。

电网工程数字化移交流程示意见图 2-4。

移交成果的收集及制作分工,因工程类型和规模不同会有所变化。输电线路工程由多家设计单位协同设计,所以在成果有交集的部分需要明确说明。以两个变电站之间的输电线路(见图 2-5)为例,变电站 1 由 A 包设计单位负责变电站全部内容的移交;第 1 标段的设计单位负责本标段内容及与变电站

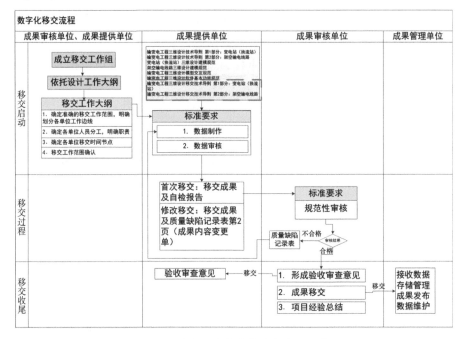

图 2-4　电网工程数字化移交流程示意

对接内容的移交,即变电站与杆塔间导线的三维设计模型;中间标段的设计单位负责本标段内容及与上一标段对接内容的移交;最后标段的设计单位负责本标段内容和与上一标段及变电站对接内容的移交;最后变电站 2 由 A 包设计单位负责变电站全部设计内容的移交。总之就是后一标段负责前一标段的导线连接,变电站与杆塔的连接内容由标段设计单位制作。

　　电网工程建设一般需要在初步设计、施工图设计、竣工图编制阶段启动移交。初步设计阶段应在初步设计评审批复后进行数字化移交,施工图设计阶段应在设计交底完成后进行数字化移交,竣工图编制阶段应在工程投运后进行数字化移交。

2.4.2　电网工程数字化移交内容

　　当前,电网工程建设全过程中往往采用航空摄影技术、三维建模技术和三维可视化技术等,所以需要将输变电工程各阶段工程地理信息数据、三维设计模型、文档资料、装配模型及设备设施管理信息等工程信息进行移交(见

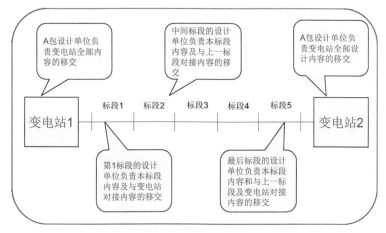

图 2-5　移交成果的收集及制作分工示意

图 2-6）。同时,为了便于后续的数据管理和应用,在移交时需要对移交内容的文件存储结构、格式及命名规则进行规范。

图 2-6　电网工程数字化移交内容

（1）工程地理信息数据。数据内容包括:数字正射影像、数字高程模型和基础矢量数据等基础地理信息数据;各类发电厂（场）站、线路、变电站、换流站、开关站、串补站等电网空间数据;风、覆冰、污秽、地震、舞动、雷害、鸟害等电网专题数据;线路通道范围内重要的规划区、环境敏感点、矿产、文物、军事设施等输电线路通道数据;水文、气象、地质、物探等工程勘测数据。

（2）三维设计模型。三维设计是以电网工程各相关信息数据为基础,采用三维数字化技术建立的工程信息集合,具备完备性、关联性、一致性、唯一性、扩展性等特点,满足可视化、可分析、可编辑、可出图等工程全生命周期应用需求。三维设计模型的内容应满足《输变电工程三维设计技术导则》(NB/T 11197—2023)、《输变电工程三维设计模型交互与建模规范》(NB/T 11199—2023)等相关标准规范的要求。

电网工程三维设计模型及属性示意见图2-7。

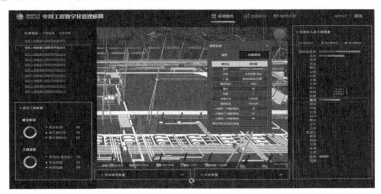

图 2-7　电网工程三维设计模型及属性示意

(3)文档资料。初步设计阶段文档资料的移交内容包括相关依据文件、勘测报告、设计说明书、图纸、专题报告、概算书;施工图设计阶段文档资料的移交内容包括勘测报告、图纸、预算书;竣工图编制阶段移交的文档资料主要是相关图纸。

(4)装配模型。装配模型是描述设备、材料、建(构)筑物及其他设施加工、安装的模型,移交内容主要包括设备材料安装、混凝土配筋、钢结构加工/放样等信息。

(5)设备设施管理信息。主要是指设备缺陷数据、试验数据等。

2.4.3　电网工程数字化移交审核

为了确保移交数据质量,成果提供单位需在数据移交前完成自检,成果审核单位需对数字化移交内容进行审核,审核通过后,移交至成果管理单位,进行数据管理维护。移交审核内容需随着电网工程建设业务与数据需求、技术手段的发展变化适时调整,以满足数据应用需求。电网工程数据移交审核内容见表2-1。

表 2-1 电网工程数据移交审核内容

审核内容	具体要求
工程地理 信息数据	数据命名正确
	地理坐标系统、高程基准正确
	地物分类正确
	地物分层正确
三维设计模型	工程属性数据完整
	模型配色正确
	模型与属性完整,无冗余
	模型命名及编码正确
	模型的空间位置信息准确
	模型关联的设计图纸准确、齐全
装配模型	模型编码正确
	模型完整,无冗余
	模型的空间位置信息准确
文档资料	文档资料的文件存储结构符合标准要求
文件存储结构、 格式及命名规则	移交文件存储结构、格式及命名规则符合标准规定,满足不同软件平台之间的共享和应用要求

2.5 电网工程数字化移交支撑系统

2.5.1 业务架构设计

在业务架构上,按照电网工程数据全生命周期特点,从移交验收、存储运维和应用服务三个阶段进行重点管控。在移交验收阶段,通过数据移交、数据审核,形成统一移交能力。在存储运维阶段,通过数据处理、数据存储、数据运维,形成集中管理能力。在应用服务阶段,通过数据发布、辅助应用、数据服务,形成综合应用能力。通过统一移交、集中管理、综合应用三个层面实现电网工程数据全生命周期管理,整体提升电网工程数据管理能力。

电网工程数据移交管理业务架构见图 2-8。

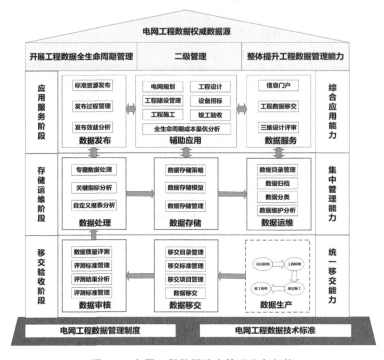

图 2-8　电网工程数据移交管理业务架构

2.5.2　移交功能设计

电网工程数据移交管理系统的主要目标是实现电网工程建设全过程成果数据移交、审核、处理、存储、发布、维护、分析及综合展现,支撑电网工程数据的统一移交、集中管理、共享发布等工作,最终建成电网工程数据权威数据源。

电网工程数据移交管理系统功能设计见图 2-9。

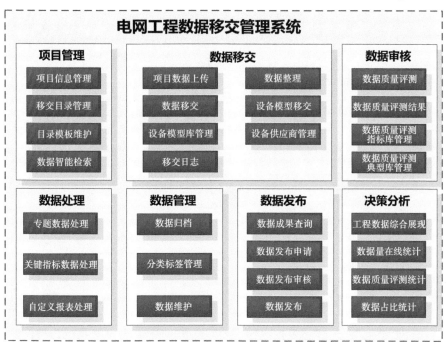

图 2-9　电网工程数据移交管理系统功能设计

第3章 电网工程数据组织与存储

3.1 主流数据组织方式分析

在电力、石化、建筑、测绘、互联网等相关行业中,目前各自拥有一些适用于行业数据特点和需求的数据模型,用于对该行业的相关数据进行描述、组织和管理。

IEC 61968/61970:IEC 61968 与 IEC 61970 有着较密切的关系。其中,IEC 61970 提出了能源管理系统各应用程序间的接口规范,提出并制定了电力行业的公共信息模型(common information model,CIM);IEC 61968 是智能电网建设技术标准体系的核心标准之一,它的全称为"电力企业应用集成及配电管理系统接口",是解决电力企业中多个应用系统集成的标准接口。

ISO 15926:ISO 15926 是一个面向石油行业的工业自动化系统与集成、工程生命周期数据集成系列标准,用于规范工厂设计、构建和管理过程中所涉及的计算机系统之间的数据集成、共享、交换和移交。ISO 15926 包含了综述与基本原理、数据模型、参考数据、注册和维护参考数据的程序、开发附加参考数据的范围和方法等十几个部分,且目前仍在继续发展完善之中。

BIM/IFC:建筑信息模型(BIM,building information modeling)是用数字化的手段建立虚拟的建筑实体,可以把建筑工程中各专业、各阶段及各种类与工程相关的信息纳入数据模型之中。IFC(industry foundation classes)数据模型是由 Building SMART 研发的一种开放的 BIM 数据交换标准,用来协助建筑工程设计、数据交付、交互与共享。

OpenGIS:OpenGIS(Open Geodata Interoperation Specification,开放地理数据互操作规范)由美国 OGC(OpenGIS Consortium)提出。OpenGIS 是一个开放标准,为了实现地理信息处理的互操作性定义了一组面向地理信息的服务,为地理应用之间以及地理应用与其他信息技术应用之间建立了数据互操作环境。

语义网:语义网由 W3C(万维网联盟)提出,其核心是通过给万维网上的文档添加能够被计算机所理解的语义"元数据"(meta data),从而使整个互联网成为一个通用的信息交换媒介。语义网是一种智能网络,它不但能够理解词语和概念,而且还能够理解它们之间的逻辑关系,实现基于互联网的通用的智能信息交换。RDF 和 OWL 是 W3C 提出的两项重要的语义网技术。

上述主流数据模型存在一些共性和差异：

（1）共性。这些数据模型都能够用于描述相关领域的"物"和"事"。基于对不同"物"的分类和定义，采用"层次+图+数据"的数字化建模方式，全面描述相关物理世界的详细状态和变化，以及发生的各种事件和活动。

（2）差异。工业领域常见数据模型差异比较见表3-1。

表 3-1　工业领域常见数据模型差异比较

标准	面向领域	特点	可借鉴内容
IEC 61968/61970	电力	既关注物理对象,也关注管理活动和事件,提供了一系列专属于电力行业的概念模型	用于描述电力设施的对象分类体系
ISO 15926	石化	关注对复杂数据结构的描述和使用,包括复杂关系、复杂值等,同时也关注随时间推进而发生的变化,即全生命周期	对复杂数据结构的处理方法,尤其是对复杂属性值的存储和使用
BIM	建筑	由企业主导,重应用,侧重于以建模产品为核心的多来源数据集成	如何构建三维模型,并以此为核心组织数据
OpenGIS	测绘	区分几何信息和属性信息,其中几何信息有相对明确的结构和处理机制;采用"数据+文件"的有机结合,数据文件具有明确格式	对地理信息数据的结构化描述
语义网	互联网	完全通用化,适用于对任何领域世界的描述,侧重于对描述的语义和推理约束;同时也可用于对 IEC 61968/61970、ISO 15926 等数据模型的描述	如何整合不同领域的数据模型和知识,如何检索和使用具有不同来源且复杂多变的数据信息

3.2　电网工程数据对象解析

在电网工程数字化管理中,工程数据的本质是基于工程建设过程中收集的数据来建立起对工程物理实体的详细数字化描述。每个工程物理实体都是在时空中唯一存在的,从不同角度出发可以得到多种不同的数字化描述,体现为电网工程数据的"多源、异构"特点。基于这样的认知,建立一套以物理对象为基础、以数据对象为核心、支持结构化/半结构化/非结构化数据的概念数据模型,可以有效贯通电网工程在不同阶段、不同来源的数据,避免产生数据孤岛。

电网工程数据的基本概念模型见图3-1。

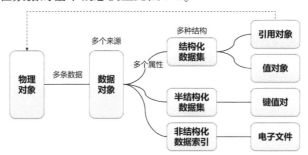

图 3-1　电网工程数据的基本概念模型

3.2.1　物理对象

每个物理对象代表真实物理世界中的一个实体,可以对应来自不同来源的多个数据对象。每个数据对象可以拥有结构化数据集、半结构化数据集、非结构化数据集。其中,结构化数据集包含一组定义明确的属性,结构化属性可以对应引用对象或值对象,其中引用对象一般指向另一个物理对象;半结构化数据集则包含一组定义不确定的属性,半结构化属性则一般采用键值对形式;非结构化数据集一般是包含与数据对象相关的非结构化数据的索引。

在电网工程数据管理领域,物理对象有其共性信息,包括对象的内外部标识、创建和销毁时间、空间位置等。物理对象本身又可以分为功能对象、实物对象和地理要素。

（1）功能对象定义了电网工程所需的功能设定，一般表现为个体形式，根据行业数据规范进行分类，或参考 IEC 61968/61970、SG-CIM、ISO 15926 等相关行业规范进行分类，在工程设计时产生对象实例，常见关系有组合和连接。

（2）实物对象定义了电网工程相关的物理资产，可以按照厂商的产品型号及规格进行分类，并在生产或采购时实物化。

（3）地理要素针对自然地理环境及附着物，用于描述电网工程所处的周边环境状况，一般按《基础地理信息要素分类与代码》（GB/T 13923—2022）进行分类，按区域切片形式进行对象划分，常见关系有排列和层级。

3.2.2 数据对象

数据对象包含对象标识、来源、创建和销毁时间等信息，可提供物理对象别名。

数据分类要结合物理对象分类及数据来源分类，如"变压器设计参数"。

3.2.3 结构化数据集

结构化数据集是根据数据对象的具体分类，提供一组符合其结构定义的属性信息，包含引用对象和值对象两类。

（1）引用对象可以引用物理对象、数据对象、管理记录、主数据、元数据等，部分引用关系是双向相互引用的，如物理对象之间的连接关系。

（2）值对象分为基本值对象和复杂值对象。其中，基本值对象对应基本数据类型，如数值、日期、字符串等；复杂值对象对应由基本数据类型组合而成的数据类型，如范围值、序列值、度量单位等。

3.2.4 半结构化数据集

半结构化数据集保存所有与特定数据对象相关但属性定义不明确的数据信息，采用键值对形式来保存半结构化数据。

3.2.5 非结构化数据索引

非结构化数据索引保存所有与特定数据对象相关的非结构化数据的索引,以便对非结构化数据进行必要的检索和定位。

前文所提出的物理对象、数据对象等概念,与电网工程相关的多种行标、团标、企标等均具有很好的匹配对应关系(见表3-2)。在实际的数据管理和应用中,通过建立一定的映射关系,即可实现良好的兼容和互用。

表 3-2 电网工程数据的基本概念模型与相关标准的对应关系

本书	物理对象	数据对象
《输变电工程三维设计模型数据交互规范》(T/CEC 5055—2021)、《输变电工程三维设计模型交互规范》(Q/GDW 11809—2018)等	工程模型 物理模型	模型属性
《基础地理信息要素分类与代码》(GB/T 13923—2022)	地理要素	专题数据
《建筑信息模型应用统一标准》(GB/T 51212—2016)、BIM	共享元素 专业元素	资源数据

3.3 基于元数据的电网工程数据组织

3.3.1 基于元数据的数据模型框架

面向海量、种类繁多、结构复杂、来源多样的电网工程数据信息,为便于灵活、高效组织与检索各类工程数据资源,本书提出基于元数据的工程数据模型框架,见图3-2。

对象实体的数据层基本结构由物理对象、数据对象、关系集、属性集四个实体类型构成,并分别有对应的元数据实体来提供对象实体的定义。此外,数

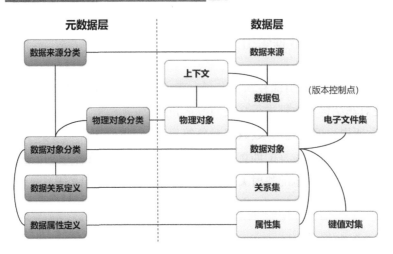

图 3-2　基于元数据的工程数据模型框架

据对象还包含一个键值对集来保存定义不明确的属性信息,包含一个电子文件集来保存非结构化数据信息。属性和关系通过元数据进行定义,对应结构化数据。键值对和电子文件则对应无须定义的数据,即半结构化/非结构化数据。

　　数据包实体提供了对数据进行管理和组织的一个层级节点。每个数据包可以包含一组数据对象,有明确的上下文、数据来源和版本信息,可以匹配电子文件。以数据包作为管控点,简化电网工程数据的处理,便于控制数据版本,实现数据溯源。

　　上下文实体规定了当前描述信息的某种边界,一般会具有多重性质,既适用于物理对象描述,也适用于管理活动和事件。在电网工程数据管理领域,上下文一般是对应到工程项目。用于物理对象时,一般是作为命名空间,限定对象标识或名称的作用范围,并与对象标识或名称共同作用以实现对象的全局唯一性;用于数据包时,一般是作为管理要素,在对数据包进行管理时,作为管理记录的一部分而保存下来。

3.3.2　基于元数据的数据模型描述

　　对电网工程相关的各种数据的组织,即电网工程数据模型的构建,是在元数据的工程数据模型框架基础上,按照电网工程的数据类别、内容和特性,对相关对象类型作进一步细化之后而得到的,从物理对象的分类细化(1)、工程的结构化描述(2)、数据的结构化描述(3)、元数据结构(4)、文件的结构化(5)等五个方面开展。电网工程数据模型细化流程见图 3-3。

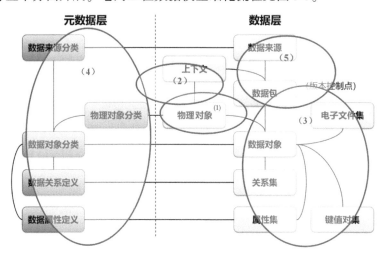

图 3-3 电网工程数据模型细化流程

3.3.2.1 物理对象的分类细化

物理对象代表在工程中所形成的、具有一定物理特性的相关对象。根据电网工程的特点,参考在输变电工程三维设计方面的最新规范性成果,将物理对象再细分为 3 种对象,如图 3-4 所示。

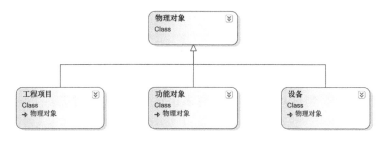

图 3-4 物理对象分类细化

1.工程项目

工程项目代表某个电网工程的整体,根据工程类型的不同,可进一步细分为变电工程和线路工程。

2. 功能对象

功能对象代表电网工程的某个组成部分,体现该组成部分的功能特性。

3. 设备对象

设备对象代表某个能实现一定功能特性的物理实体,广义上包含组合设备、子设备、设备部件等衍生对象。

3.3.2.2　工程的结构化描述

对于每一个工程项目,通过功能对象建立一套层次结构。

对于功能层次结构中的设备节点,对应一个设备对象。根据对设备技术参数的设定,将设备对应到具体的物料项上。随着采购和施工的进行,可将设备对应到具体的产品项上,如图 3-5 所示。

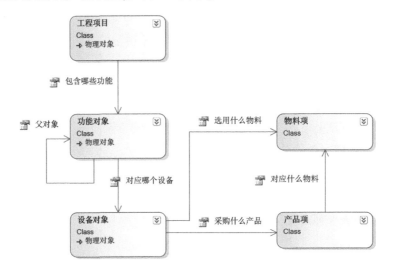

图 3-5　工程的结构化描述

3.3.2.3　数据的结构化描述

对于每一个物理对象,可以具有多组设计数据,即对应多个设计数据对象。

每个数据对象可以具有一组属性值(结构化数据)和一组键值对(半结构化数据)。其中,属性值可通过值对象来管理复杂的值,如图 3-6 所示。

每个数据对象根据其数据来源可归属于某一个数据包,在数据包上进行版本控制和来源跟踪。

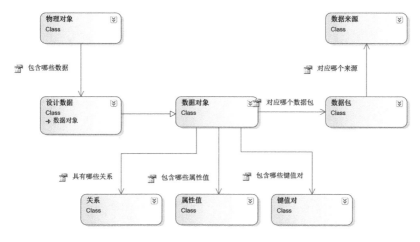

图 3-6 数据的结构化描述

3.3.2.4 元数据结构

将元数据细化为对象类型、对象属性、属性值和数据包类型,如图 3-7 所示。

(1)对象类型定义了物理对象和数据对象的类型,重点是根据物理对象的设备分类,结合数据种类划分对数据对象进行细分。

(2)对象属性定义了每种数据对象的属性集合,对应具体对象的属性值集合。

(3)属性值类型对复杂值进行了分类和定义,对应值对象。

(4)数据包类型定义了数据包的分类,来源类型定义了数据来源的分类。

3.3.2.5 文件的结构化描述

通过文件夹可以构建一个用于存储文件的层次结构。

每个文件均位于特定的文件夹节点中。每个文件根据其数据来源可归属于某一个数据包,在数据包上进行版本控制和来源跟踪,如图 3-8 所示。

3.3.3 电网工程三维设计模型的数据组织

电网信息模型(grid information model,GIM)是由国家电网公司为输变电工程制定的一套三维设计模型数据标准。可以采用上述的数据模型来组织管理在《输变电工程三维设计模型交互规范》(Q/GDW 11809—2018)中提出的

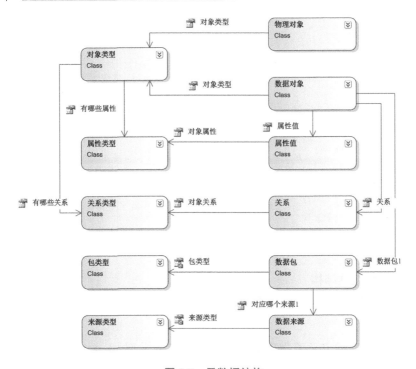

图 3-7 元数据结构

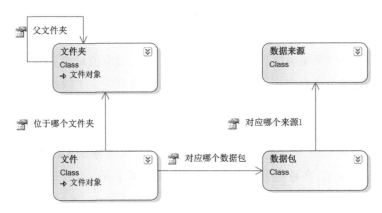

图 3-8 文件的结构化描述

GIM 数据。

将 GIM 三维设计模型进行分解,将系统或设备等功能设施作为物理对象,将该系统或设备的各种属性集、几何建模、层次结构、连接关系等作为数据对象,将所包含的工程模型、物理模型、组合模型、几何模型等文件通过文件库进行集中管理,并建立起物理对象与文件对象的对应关系,如图 3-9 所示。

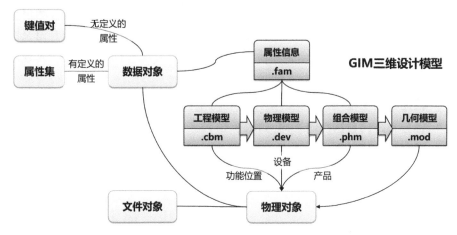

图 3-9　电网工程三维设计模型的数据组织方式

GIM 中的工程模型(＊.cbm)、物理模型(＊.dev)、组合模型(＊.phm)均可作为不同种类的物理对象而存在,而几何模型(＊.mod)则可作为独立信息关联到物理对象上。

GIM 中的工程模型(＊.cbm)、物理模型(＊.dev)、组合模型(＊.phm)均可包含模型属性信息(＊.fam),这些属性信息可以作为数据对象进行管理。其中,具有严格定义的属性作为属性集,没有严格定义的属性则作为键值对进行管理。

3.4　电网工程数据分布式存储设计

3.4.1　电网工程数据分布式存储架构

对于电网工程数据而言,每个工程项目具有较强的整体性。在同一个工程项目内部,不同数据之间存在非常紧密的关联,不同环节的工作开展也往往依赖于其他环节所产生的数据。而在不同的工程项目之间,这种关联性相对较弱,对于工作的影响一般是在参考、借鉴、引用等方面。

从全国范围来看,不同电压等级的电网工程的数量非常多,涉及的数据也非常庞大和复杂。如果完全采用单一地点、单一库的存储模式,性能压力很大,也不利于异地分散使用;但如果采用分散的数据存储,则数据又无法得到充分的利用和共享。借鉴分布式数据分散存储、集中管理的思路,结合语义网RDF/OWL 的数据连接的实现模式,可以采用分布式的数据存储模式,实现电网工程数据的分散存储、全面关联、统一管理。

根据电网工程项目数据的整体性和海量数据分散存储的需要,本书提出了一种分布式的数据存储架构,如图 3-10 所示。

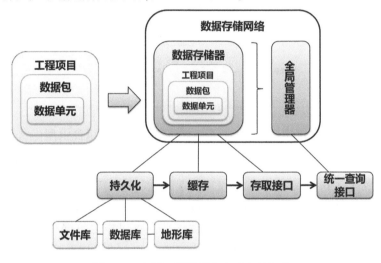

图 3-10　电网工程数据分布式存储架构

在该数据存储管理架构中,电网工程数据被抽象为数据单元、数据包和工程项目三个层级。数据单元是数据管理中的最小单位,每个数据单元一般是指一个数据对象及其附属的数据属性集、值对象以及键值对集。数据包用于承载数据管理信息,每个数据包一般由一组或多组数据对象按照一定规则进行排列或组合而得到,对数据的存储与管理活动一般会被对应到数据包对象上。工程项目是数据存储管理中的基本单位,每个工程项目的所有数据进行集中存储。

整个数据存储体系采用分布式存储、集中式管理的实现方式,包含一组全局管理器和多个并列的数据存储器。每个数据存储器可以管理多个工程项目、数据包和数据单元,将其持久化到数据库或数据文件中,见图 3-11,并建立数据缓存以改善数据存取性能。全局管理器集中管理所有的元数据、主数据，以及工程数据的索引信息。

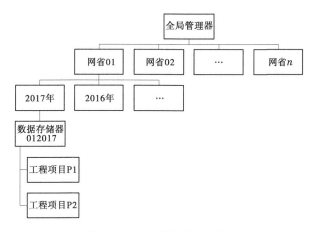

图 3-11　工程数据管理架构

从便于数据管理和使用的角度进行考虑，结合数据量估算与典型硬件性能等因素，建议按网省和年份来组织电网工程数据存储体系，设计工程数据管理架构，以工程项目的归属网省和启动日期为依据，将某个网省在某一年所有工程项目的数据集中存储在一个数据存储器中，并统一注册到全局管理器中。在应用数据时，用户或第三方应用可通过全局管理器提供的统一查询接口进行全局的数据检索，或者连接特定的数据存储器进行本地数据的检索及存取。

3.4.2　电网工程数据分布式存储模式

基于上述分布式数据存储和数据管理架构，针对电网工程数据中海量的工程地理信息数据、三维设计模型及文档资料数据分别设计了数据的存储模式。

（1）工程地理信息数据。将与电网工程相关的地理区域作为物理对象，该区域的各种地理信息作为数据对象，按时间、精度、级别、坐标系等进行组织，并将所包含的数字高程模型（digital elevation model，DEM）、数字正射影像图（digital orthophoto map，DOM）文件通过文件库进行集中管理，再通过地理信息系统（geographic information system，GIS）系统进行使用。工程地理信息数据存储模式如图 3-12 所示。

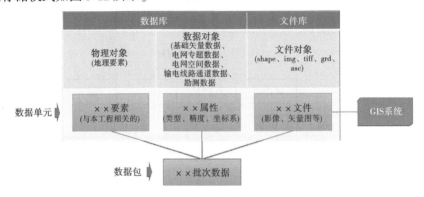

图 3-12　工程地理信息数据存储模式

（2）三维设计模型。本书将与输变电工程相关的系统或设备等功能设施作为物理对象，将该系统或设备的各种属性集、几何建模、层次结构、连接关系等作为数据对象，将所包含的工程模型、物理模型、组合模型、几何模型等文件通过文件库进行集中管理，并建立起物理对象与文件对象的对应关系。将在数字化移交管理中获取的每个 GIM 模型文件作为一个数据包，而其中的每个数据对象及其对应的文件作为一个数据单元。三维设计模型的数据存储模式如图 3-13 所示。

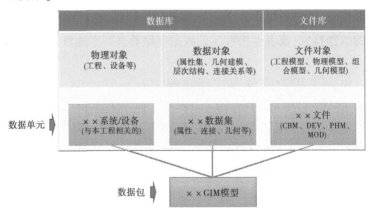

图 3-13　三维设计模型的数据存储模式

（3）文档资料数据。本书将与输变电工程相关的所有文档资料作为文件对象，按文件内容、文件类型、文件夹等进行组织，并分别关联到对应的系统/设备等功能对象上。在数字化管理中获取的每一套文件作为一个数据包，而其中的每个文件对象及其相关的关联关系作为一个数据单元。数据存储模式如图 3-14 所示。

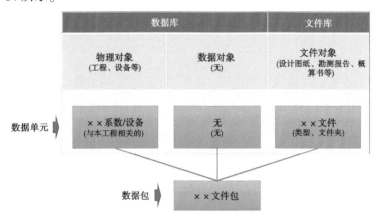

图 3-14　文档资料数据存储模式

第4章 电网工程数据检索技术研究

4.1　电网工程三维设计模型数据检索方法研究

4.1.1　研究概述

电网工程三维设计模型作为电网工程数字化的载体,是电网工程数据的重要组成部分。电网工程的三维设计模型数据包含大量的工程模型实体和复杂的实体间结构关系信息。以一个变电站为例,覆盖的设备类型多样、数量众多,具体包括软导线、管型母线、矩形母线、耐张绝缘子串、悬垂绝缘子串、金具、电缆、电缆附件、电缆辅助设施、角钢、工字钢、接地材料等元件。同时,这些实体相互关联且具有一定的层次关系。例如,工程下面包含多个项目,每个项目包含参与人员和设备等,设备下面包含电线杆、电塔等具体设备。针对此类数据,需要支持用户对不同层次的实体以及实体间关系等信息的检索。

4.1.2　基于属性图的电网工程三维设计模型数据检索

利用三维模型的拓扑结构,电网工程三维设计模型数据中包含的大规模实体可以相互连接形成属性图,如图 4-1 所示。属性图中结点表示实体,每个实体具有若干属性,结点间的关系由属性图中的边表示。电网工程三维设计模型数据的检索问题被转变成了基于属性图的实体搜索问题。

基于属性图的电网工程三维设计模型数据检索流程如图 4-2 所示,包括实体搜索、候选集连接和实体排序三个子模块。首先,实体搜索子模块利用检索条件进行属性图搜索和属性匹配获得候选集合;接着,候选集连接子模块对实体搜索子模块获得的候选集进行连接操作,获得目标实体集合;最后,实体排序子模块利用排序原则对目标实体集合中的实体进行排序,得到最终的检索结果。

具体检索过程如下:

(1)实体搜索。

每一个实体具有若干属性,实体与实体之间具有相互联系,且实体之间具

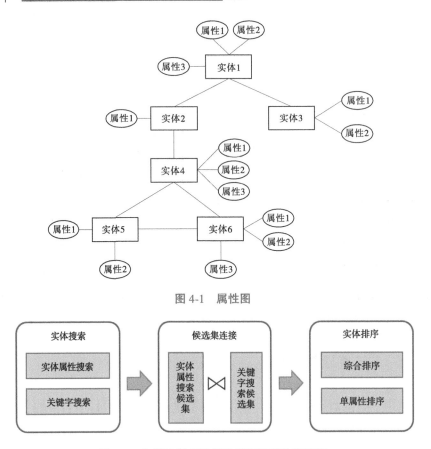

图 4-1 属性图

图 4-2 电网工程三维设计模型数据检索流程

有层次关系。实体检索条件由两部分构成,分别是明确定义的实体属性名及其属性值,以及由若干词条组成的关键字序列。第一种检索条件指向明确,用于属性图中的实体筛选,获得完全满足条件的目标实体集;第二种检索条件类似传统的搜索方式,主要涉及属性图中文本属性的检索。

根据第一种检索条件对实体属性图进行遍历和属性匹配,得到实体属性搜索候选集,此类检索条件接近查询要求,得到的候选集是准确的。

根据第二种检索条件搜索实体属性图中所有具有的文本属性的实体,计算检索条件与文本属性的相似程度,得到关键字搜索候选集。此类条件用于揣测用户意图,等同于现有的信息检索,得到的候选集存在模糊性。

（2）候选集连接。

实体搜索根据两种类型的检索条件得到两种候选集,将两种候选集进行连接后得到同时满足两类条件的结果实体集。连接操作主要考虑不同候选集间实体的相关性,尤其是当实体间存在层次关系的时候,需要对连接操作进行扩展。具体处理方法为:在检索过程中通常严格按照检索条件并不能找到用户的目标实体,检索条件可能匹配目标实体的子实体,然后通过连接操作查找子实体的公共父实体,以此作为用户的目标实体添加到结果实体集中。

在连接过程中,两个实体连接成功的条件是:①它们具有公共父实体;②它们是父实体和子实体的关系。如图 4-3（a）所示,实体 2 和实体 3 部分满足检索条件(红色属性表示满足检索条件),但是它们的公共父实体即实体 1才是用户的目标实体。因此,需要对实体 2 及实体 3 进行连接操作,连接的返回结果是它们的公共父实体。图 4-3（b）展示了使用第二种连接条件进行的情况,实体 4 和实体 5 为父实体和子实体的关系,连接结果是父实体 4。

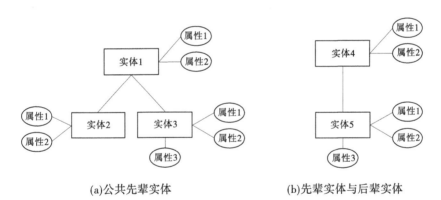

(a)公共先辈实体　　　　　　　(b)先辈实体与后辈实体

图 4-3　实体层次关系

候选集连接算法如下所示:

输入:实体搜索结果集 O_{cand},属性图集合 G

输出:检索结果集合 O_{result}

1. $O_{\text{result}} = \varnothing$

2. flag = True

3. while(flag == True)

4.　　　$O_{add} = \varnothing$

5.　　　$O_{delete} = \varnothing$

6.　　for $i = 1$ to n //候选对象两两判断能否 join

7.　　　　for $j = i+1$ to n

8.　　　　　　if join(O_i, O_j, G) = O_K //如果 O_i, O_j 满足连接条件

9.　　　　　　O_{add} . Add(O_K)

10.　　　　　　O_{delete} . Delete(O_i), O_{delete} . Delete(O_j)

11.　　　update(O_k, O_i, O_j)　　//将对象 O_i, O_j 的所有属性更新到 O_k 上

12.　　O_{result} . Delete(O_{delete}) //删去被 join 的两个对象

13.　　O_{result} . Add(O_{add})　　　//结果集加入新对象

14.　　if $O_{add} == \varnothing$

15.　　　flag = false

首先初始化待增候选集对象 O_{add} 和待删候选集对象 O_{delete}（第 4、5 行）。然后将候选集中任意候选对象两两尝试连接，若 O_i 和 O_j 能够连接并产生新的候选对象 O_K，则将 O_i 和 O_j 加入待删候选集，O_K 加入待增候选集，并且将 O_i 和 O_j 具有的属性更新到 O_K 上（第 6～11 行）。接着更新候选集（第 12、13 行）。若不再产生新的连接对象，则算法终止（第 14、15 行）。

（3）实体排序。

对连接得到的实体集进行排序，有两种方式：一种是综合排序；另一种是按照用户指定的排序条件进行排序，即单属性排序。

综合排序考虑多种因素，有实体属性与检索条件的匹配程度、实体在属性图中的层级等。另外，通过先验知识可以构建排序函数对实体进行排序。先验知识可以是电网工程中的专业知识，也可以是通过分析检索日志得到的用户检索喜好。单属性排序则考虑单个因素，根据用户指定的条件对目标实体按照特定属性进行排序。

经过候选集连接操作，得到了所有符合筛选条件的实体对象集，其中包括直接符合条件的对象（对象本身属性直接满足检索条件）和间接符合条件的对象（由 join 得来的对象）。在排序方案中，直接符合条件的对象的优先级高于间接符合条件的对象的优先级。在考虑图形结构对排序的影响的同时，还

要考虑对象实体和检索关键字的匹配程度,越符合检索关键字越好。针对以上考虑,提出了基于查询结构与关键字匹配的综合排序算法。

综合排序算法如下所示:

输入:检索结果集合 O_{result} ,检索关键字条件 keyword

输出:有序检索结果集合 $O_{sortedresult}$

1. $O_{sortedresult} = \varnothing$

2. foreach o in O_{result} //遍历候选对象集合

3. keywordscore = Levenshtein (o. textattr, keyword)　//计算编辑距离作为关键字得分

4. structscore = structScoreCount(o. structattr)　//计算结构得分

5. o. score = α * keywordscore + β * structscore //计算对象总得分,α、β为线性融合得分因子,可调

6. $O_{sortedresult}$ = sort(O_{result})　//根据每个对象总得分进行排序

遍历候选集对象,根据当前对象的文本属性计算关键字得分(第 3 行),根据当前对象的结构属性计算结构得分(第 4 行),线性融合得出当前对象综合得分(第 5 行),最终将结果集根据综合得分排序(第 6 行),返回给用户。

4.2　电网工程地理信息数据空间检索方法研究

4.2.1　研究概述

地理信息数据(GIS 数据)是构建电网工程实景模型的重要支撑。电网工程 GIS 数据由基础地理信息数据(如 DOM、DEM、基础矢量数据等)、电网专题数据(如风区、冰区、雷区等)和输电线路通道数据(产业规划区、矿业规划区、环保水区等)组成,包括 SHP、TAB、TIF、IMG、JPG 等多种文件格式。GIS 数据具有不同空间、不同分辨率、不同覆盖范围、不同属性的特征,GIS 数据的检索必须要解决如何兼顾空间属性和非空间属性的问题,针对该类数据,需要根据地理信息数据本身的空间属性确定搜索范围,结合关键字信息完成不同空间实体的空间属性和非空间属性信息的搜索。

4.2.2　电网工程地理信息数据空间检索

电网工程 GIS 数据检索本质上是对电网工程相关的地理空间存在的实体对象的检索,整个检索流程如图 4-4 所示。

图 4-4　电网工程 GIS 数据的空间检索方法技术路线

首先,获取用户检索条件中的地理空间信息、关键字信息和属性信息,根据这些信息在地理空间数据库进行查询筛选,获得相应的候选集。其次,得到候选集之后,进行第二步的连接操作,找到同时符合空间属性和非空间属性条件的对象,得到完整的检索候选集。最后,进一步对候选集进行排序,将更符合用户条件的检索结果排列在前面,排序的方式分为综合排序和单属性排序。

4.2.2.1　空间实体检索

空间实体检索算法根据用户输入的检索条件搜索实体集。检索条件由三部分构成,分别是空间实体的空间属性及其属性值、空间实体的非空间属性及其属性值和由若干词条组成的关键字序列。

第一种条件按照空间关系实现检索,例如距离远近、空间包含或者空间重叠等。后两种检索条件类似于电网工程三维设计模型数据的检索方法。

根据第一种检索条件对空间维度中的空间进行搜索,得到空间属性的搜索候选集。根据后两种检索条件按照三维设计模型数据的检索方法搜索实体属性图中满足要求的空间实体,得到非空间属性的搜索候选集。

4.2.2.2　候选集连接

经过第一步的检索条件匹配之后,分别得到空间属性检索候选集和非空间属性检索候选集。对两个对象集进行连接操作,找出同时符合所有检索条件的空间对象,如图 4-5 所示。简单操作就是遍历空间候选集,查看每一个空间对象是否也在非空间候选集之中,若符合,则归入最终检索结果候选集。

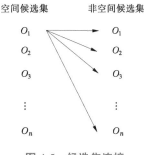

空间候选集　　　　非空间候选集

图 4-5　候选集连接

4.2.2.3　空间实体排序

在得到最终检索结果候选集之后,将检索结果呈现给用户之前,需要对当前候选集进行综合排序,返回最接近用户期望的检索结果。当然,用户还可以在此基础上对结果集进行进一步的单属性排序,以便查看检索结果。单属性排序较为简单,下面介绍基于空间属性+非空间属性的综合排序的算法思路。

定义空间检索排序得分公式:

$$Score = \alpha SpaceAttr.\ score + \beta OtherAttr.\ score$$

式中　Score——最终得分;

α、β——系数因子;

SpaceAttr. score——空间属性排序得分;

OtherAttr. score——非空间属性排序得分。

其他属性排序得分可以直接调用三维设计模型数据检索接口的属性得分计算,所以要解决的问题就是空间属性排序得分的计算,下面介绍一种空间属性排序得分计算方式——基于当前坐标的邻域检索的排序算法。

计算所有查询结果集中的空间对象的 MBR 的中心点,根据每个空间对象的中心点与当前坐标的欧氏距离来排序,距离越小,评分越高。

综合属性排序算法:遍历候选集,对于每一个候选对象,分别计算空间属性得分和非空间属性得分,用线性融合的方法计算当前对象的综合得分,最后根据总得分对候选集排序,将最终结果返回给用户。

4.3 电网工程文档资料数据检索方法研究

4.3.1 研究概述

在电网工程中,多源异构文档数据是指电网工程全生命周期中产生的文本类文档,包括 DOC/DOCX、PDF、XLS/XLSX 等类型的数据。文本文档数据大部分属于非结构化的文本类型数据,其中 XLS/XLSX 等文件属于半结构化数据。针对此类数据,需要支持对文本内容的搜索,提供基于全文的关键词检索。

4.3.2 电网工程多源异构文档数据检索

对于文本文档数据,目前全文检索技术相对成熟,开源分布式搜索引擎如 Elasticsearch 的发展相当完善,应用广泛。为解决大规模文档数据检索速度慢和检索效率低的问题,基于 Elasticsearch 分布式搜索技术和垂直搜索技术,研究设计了分布式文本文档数据检索系统。电网工程多源异构文本文档检索系统架构如图 4-6 所示。

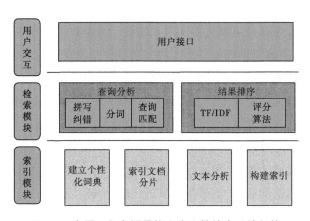

图 4-6 电网工程多源异构文本文档检索系统架构

4.3.2.1 索引构建

数据索引模块主要的功能是针对导入的文档数据进行分词处理得到单词,然后对单词进行倒排索引形成索引结构,以供后续的检索模块使用。

建立索引之前先对文档进行文本分析。文本分析过程就是对索引文档进行分析将其转换为 Token 流。针对不同类型的索引文档设计不同的文本分析器,包含字母过滤过程、分词过程以及单词过滤过程。文本分析后,根据每个单词建立倒排索引。整个处理流程如图 4-7 所示。

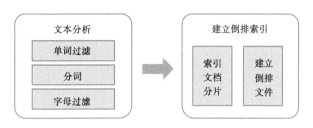

图 4-7　电网工程多源异构文本文档索引构建流程

建立索引的具体流程如下:

(1)字母过滤。针对输入的字符串进行清洗,包括对特殊字符的过滤、特殊字符的转换等操作。

(2)分词。针对清洗后的字符串进行语义切分,把字符串分为多个单词。

(3)单词过滤。对分好的单词进行过滤,包括单词大小写转换、单词单复数转换、停词过滤、同义词转换等操作。

(4)倒排索引。使用倒排文件建立索引库。

Elasticsearch 内置的分词器对中文不友好,会把中文分成单个字来进行全文检索,不能达到理想的结果。因此,采用了 IK/Ansj 分词组件嵌入 ES 中实现对中文的分析。

4.3.2.2 数据检索

数据检索模块主要是根据用户输入的关键字、选择的搜索方式以及搜索的索引范围来进行检索,对生成的索引库进行查询匹配,检索得到相应的文档,对检索结果和检索词进行相似度计算,然后排序检索结果。

系统采用了 Elasticsearch 的 query_then_fetch 的搜索方式。query_then_fetch 分两步操作,第一步在每个分片上执行查询操作得到文档的排序和分级所需要的信息,根据各个分片的返回信息进行重新排序和分级,取出排名靠前的相关文档;第二步根据第一步得到的信息再到相关分片上查询相关文档的实际内容。

在检索过程中,检索得到相应的文档,还需分析检索关键字和索引库中存储的文档之间的相关性,进行相似度计算。每个返回的文档都会有一个得分,得分越高,该文档与当前检索词的相关度越高,最后按照相关性降序输出检索结果。

对于电网工程文本文档数据,采用 Okapi BM25 算法进行文档评分。BM25 属于概率模型,BM25 相似度模型使用 IDF 方法和 TF 方法的某种乘积来定义单个词项的权重,然后把查询匹配的词项的权重之和作为整篇文档的分数。

4.4　电网工程多源异构数据完整快速检索技术

4.4.1　研究概述

一个电网工程的数据会包含文档资料、三维设计模型和工程地理信息等数据,具有多数据来源、多形态、多属性等特性。为了提高电网工程多源异构数据的查准率、查全率和检索效率,我们研究利用了实体关联分析和实体聚类分析两种技术。

实体关联分析主要研究实体间关联关系的度量问题,为检索结果扩展提供有力支撑,为终端用户提供丰富的结果信息;而实体聚类分析主要研究实体分组问题,将不同类型的实体按照属性信息和结构信息进行分组形成实体簇,大幅减少检索算法的搜索空间,提高检索效率。

4.4.2　基于属性图的实体关联分析方法

在实体关联分析方面,关联分析的主要目标是在属性图中挖掘具有关联性的实体,基于此,研究实现了类型相同实体的关联分析方法、类型不同实体的关联分析方法和多粒度实体的关联分析方法。

在给定关联分析中的"事务"粒度后,类型相同实体的关联分析方法和类型不同实体的关联分析方法可以采用关联规则挖掘算法实现。

由于工程项目中的实体存在明显的层次差异,例如"项目"实体包含"人员"实体和"设备"实体。因此,多粒度实体关联分析将实体间的层次关系引入关联分析中,综合考虑不同粒度下所有类型实体间的相互联系,发现实体间更为完整的关联关系。

在多粒度下,实体的关联分析采用基于 SimRank 的方法来实现。SimRank 模型定义两个对象的相似度是基于下面的递归思想:如果指向节点 a 和指向节点 b 的节点相似,那么 a 和 b 也认为是相似的。这个递归定义的初始条件是:每个结点与它自身最相似。

4.4.3 基于属性图的实体聚类分析方法

在实体聚类分析方面,根据实体属性图中实体信息的不同,研究提出了基于实体属性信息的聚类方法、基于实体结构信息的聚类方法和基于实体混合信息的聚类方法。基于属性图的实体聚类分析可以有效提升前两种实体搜索算法的执行效率。

4.4.3.1 基于实体属性信息的聚类

基于实体属性信息的聚类方法只考虑实体的属性信息,将属性及其取值相似的实体划分为一组,可以运用基于 K-medoids 算法的方法进行聚类。基于属性信息的属性图聚类过程如下:

输入:包含 n 个节点的属性图 G

输出:k 个聚类 $V_1, V_2, \cdots, V_k$

1. 从 n 个节点中任意选择 k 个作为初始参照点

2. repeat

3. 根据最小距离原则,将每个剩余节点分配给离它最近的参照点所代表的簇

4. 在相应的簇中随机地选择一个非参照点节点 y

5. 计算用 y 代替参照点 x 的总代价 s

6. if $s < 0$

7. 则用可用 y 代替 x，形成新的 k 个参照点

8. until 直到 k 个中心点不再发生变化

9. 返回 k 个聚类 $V_1, V_2, \cdots, V_k$

首先随机选择参照点，然后进行迭代。在每次迭代中，先根据当前参照点来划分簇（第 3 行），然后选择一个总代价较小的节点来替代以前的参照点（第 4~7 行）。直到第 k 个中心点不再发生变化，算法结束。

4.4.3.2 基于实体结构信息的聚类

基于实体结构信息的聚类方法只考虑实体的结构信息，将属性图中拓扑结构相似的实体划分为一组。借鉴现有数据挖掘领域的聚类方法，通过将属性图结构中的实体映射到某个向量空间，并对每个实体赋予一个空间坐标，从而可以用经典的 K-means 算法进行聚类。基于结构信息的属性图聚类过程如下：

输入：聚类个数 k，以及包含 n 个节点的属性图 G

输出：k 个聚类 $V_1, V_2, \cdots, V_k$

1. 从 n 个节点中任意选择 k 个作为初始聚类中心

2. repeat

3. 计算每个节点与聚类中心的距离，并根据最小距离原则重新对相应节点进行划分

4. 重新计算每个（有变化）聚类的均值，作为聚类中心

5. until 直到每个聚类中心不再发生变化

6. 返回 k 个聚类 $V_1, V_2, \cdots, V_k$

首先随机选择初始聚类中心，然后进行迭代。在每次迭代中，先根据当前聚类中心来划分簇（第 3 行），然后计算每个聚类中的均值来更新聚类中心（第 4 行）。直到每个聚类中心不再发生变化，返回 k 个簇（第 5、6 行）。

4.4.3.3 基于实体混合信息的聚类

基于实体混合信息的聚类方法综合实体的属性信息和实体结构信息对属性图中的实体进行分组。运用基于 SA-Cluster 的方法来实现，通过将图的关联结构和实体属性信息结合起来构建增广属性图，从而将节点的属性转化为图中的一个节点。基于增广属性图，然后利用随机游走方法计算任意两个节

点之间的距离,采用 K-medoid 算法对所有节点进行聚类,并在迭代过程中自适应调整属性的权重必实现实体属性和关联结构的统一。

基于混合信息的属性图聚类过程如下:

输入:属性图 G,随机游走路径的长度阈值 l,重启概率 c,影响函数的参数 δ,簇的个数 k

输出:k 个聚类 $V_1, V_2, \cdots, V_k$

1. 初始化 $\omega_1 = \cdots = \omega_m = 1.0$,固定 $\omega_0 = 1.0$

2. 计算统一的随机游走矩阵 R_A^l

3. 选择具有最高密度值的 k 个初始聚类中心

4. repeat

5. 将每个顶点 v_i 分配给簇 C^*,其中质心 $C^* = \mathrm{argmax} c_j d(v_i, c_j)$

6. 更新每个簇中具有最中心位置的聚类中心

7. 更新权重 $\omega_1, \omega_2, \cdots, \omega_m$

8. 重新计算 R_A^l

9. until　直到目标函数收敛

10. 返回 k 个聚类 $V_1, V_2, , \cdots, V_k$

首先,计算随机游走矩阵并找出最高密度值的 k 个初始聚类中心(第 2、3 行)。然后进行迭代,在每次迭代中,先根据当前聚类中心来划分簇并更新聚类中心、权重和随机游走矩阵(第 4、8 行)。直到目标函数收敛,返回 k 个簇(第 9、10 行)。

第5章 电网工程数据融合处理技术研究

5.1　电网工程的多尺度遥感图像融合研究

5.1.1　研究概述

地理信息系统(GIS)常用作电网工程数据的承载平台。地理信息数据具有不同分辨率、不同精度、不同覆盖范围等多尺度特征,在应用中往往需要同时具备高光谱分辨率的多光谱(multispectral,MS)图像和高空间分辨率的全色(panchromatic,Pan)图像。多光谱图像用于地物的精确分类,全色图像用于地物形状和纹理的描述。

而由于卫星传感器的局限性,遥感卫星不能同时获得高光谱图像和高空间分辨率图像,因此将这两种图像数据融合具有重要的应用价值。为提高融合的准确性,研究改进了传统的遥感图像融合算法存在的融合精度不高、算法计算效率低下的问题,提出了基于卷积神经网络(convolutional neural networks,CNN)的多光谱与全色遥感图像融合算法。

5.1.2　基于深度可分离 CNN 的融合流程

首先,对训练集内图像进行预处理,构建适用于本算法的图像数据集;然后,拓展卷积神经网络卷积层,提高三通道关联性,提取更多图像信息;最后,使用深度可分离卷积神经网络,提高融合图像精度的同时,也加快了融合速度。

5.1.3　基于深度可分离 CNN 的融合算法

针对卷积神经网络特性和遥感图像融合的特点,提出深度可分离卷积神经网络,对多尺度图像进行融合,输入 MS 图像和 Pan 图像,输出融合后的图像。通过构造训练集,训练融合网络,最终得到融合函数。

作为一种栅格数据,遥感图像的周围要素的相关性较高,即局部每一个要素都会受到周围区域要素的影响。遥感图像融合中,假设 $F(i,j)$ 为融合图像在坐标 (i,j) 处的像素,其对应的 Pan 和 MS 图像的像素分别为 $P(i,j)$ 和 $M(i,j)$。为了合理计算 $F(i,j)$,首先要考虑 $P(i,j)$ 和 $M(i,j)$ 邻近像素,计算待融合像素 $NP(i,j)$ 和 $NM(i,j)$,然后通过 $NP(i,j)$ 和 $NM(i,j)$ 来计算融合像素 $F(i,j)$。

将 Pan 图像和 MS 图像分别进行深度可分离卷积运算,然后对 NP 和 NM 采用 1×1 大小的卷积核进行卷积操作得到融合图像 F。为提高模型的融合能力,在卷积后进行非线性运算。

五层融合深度可分离 CNN 模型见图 5-1。MS^1 中的待融合像素是在原始 MS 图中每个像素考虑其邻近 N×N 个窗口中的像素卷积计算而来的,MS^2~MS^5 则是分别在前一次卷积的结果上再进行一次 N×N 卷积。随着层数的增加,生成图像中的待融合像素对应于原始图像中的像素区域越大。Pan^1~Pan^5 同理。

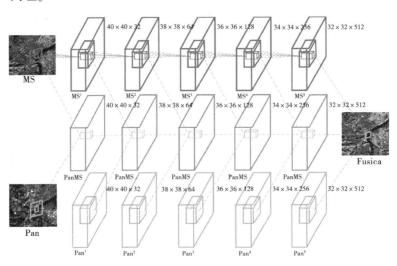

图 5-1　五层融合深度可分离 CNN 模型

PanMS^1~PanMS^5 以及 Fusion 是在原始 MS 图像和 Pan 图像融合像素的基础上,在不同大小相邻区域的影响下,进行 1×1 卷积运算的结果,每一级融合都会考虑到上一级融合的结果,可视为一种特殊的多尺度融合。最终的融合图像 Fusion 则是在不同尺度下融合图像整合的结果。

图中的融合模型即隐式代表了一个融合函数 $F(\text{MS}, \text{PrePan}) = \text{Fusion}$,其输入为 PrePan 图像和 MS 图像,输出为 Fusion。在实际应用中,需要先将 Pan 处理为 PrePan,输入模型即可。

为了减少边界信息的丢失,进行卷积操作时不直接在特征图边缘填充 0,而是在 Pan 图像和 MS 图像的边缘进行 0 元素填充,将原始图像尺寸大小由 32×32 增加至 42×42,最后经过 5 层 3×3 卷积网络,每一个卷积层都使用 ReLU 激活函数,输出的融合图像大小固定为 32×32。

5.2　电网工程三维模型融合方法研究

5.2.1　研究概述

在电网工程的不同阶段,存在着不同的三维模型,这些模型有着数据格式、结构和约定的差异。数据格式包括 IFC、DWG、DGN、RVT、GIM 等,数据字段的命名、数据的组织结构等也有所不同。将不同的三维模型数据融合,可以提供更全面、综合的信息,以便更好地支持电网工程管理和决策。而直接将数据在不同平台之间进行对接和融合是困难的。为了解决这个问题,通常需要进行数据的转换和规范化处理。这涉及将三维模型原始数据从各个平台的特定格式转换为一种通用格式,或者根据一定的数据标准进行规范化,从而实现不同三维模型数据的融合。

5.2.2　三维模型基础信息梳理

对模型对象和属性的梳理是三维模型数据融合的前提和基础。在实现数据融合转换前,一个重要的步骤就是进行模型数据整理,形成一套通用的中间数据格式。本书以电网工程三维模型初设阶段、施工图阶段的模型数据需求为基础,进行模型对象及属性的梳理。

模型数据可以根据其数据表现方式分为两大类。第一类是模型对象,它直接用于描述模型的几何信息。这些数据通常包括点、线、面、体积等几何元素,用于构建模型的形状和结构。模型对象的数据提供了关于模型几何的具体细节和形状。第二类是属性数据,它是相对抽象的模型信息,用于描述模型除几何信息外的其他相关信息。这些信息描述了模型的特征、属性、材质、状态等。属性数据可以包括模型元素的标识符、名称、类别、尺寸、材料、施工日期等信息。属性数据提供了关于模型的多元信息,使用户能够了解和分析模型的特性、属性和行为。

5.2.2.1 模型对象的层级划分

模型对象主要包含几何信息和定位信息等内容。

在电网工程初设阶段,模型对象主要满足设计需求,并且关注重要设备中的关键构件,如主变压器、组合电气设备、电容器、电抗器等电气设备相关构件和建筑物构件等。此外,还需要包含用于构件定位的节点、网格等信息。这些模型对象的属性主要用于描述它们的几何形状、尺寸、位置等关键特征。这样的描述能够满足初设阶段对于设计的需求,并为后续的工程分析和优化提供基础。

然而,在施工图阶段,模型对象的需求可能会进一步扩展,以满足连接细节和安装细节的表达要求。除了初设阶段的基本构件对象信息,还需要增加连接细节和安装细节的描述。这包括构件之间的连接方式、连接件的位置和属性,以及相关构件的细节表达,如埋件、开孔、安装螺栓等。

初设阶段及施工图阶段的模型对象细度划分示意如图 5-2 所示。

5.2.2.2 属性信息的层级划分

电网工程初设阶段三维模型的属性分为三大类:系统级属性、区域级属性和部件级属性。

(1)系统级属性。系统级属性包括工程信息属性、基本设计信息属性、工程规模以及用于描述工程的主要设计参数。这些属性涵盖了与整个工程系统相关的属性,例如变电容量、出线规模等设计参数要求等;提供了对整个结构系统的整体描述和特征描述。

(2)区域级属性。区域级属性指各个配电装置区域属性,包括区域接线形式、区域规模、出线规模等信息。这些属性描述了各个电压等级配电区域主要接线形式、设备选型、布置要求等信息。

(3)部件级属性。部件级属性是电气设备及主要建筑物属性层级,包含

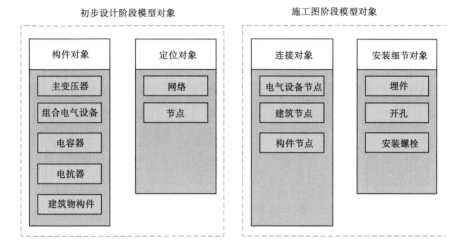

图 5-2　模型对象细度划分示意

了设备的主要设计参数,用于描述每个设备的具体几何形状、材料特性、构件间关联关系等要求。部件级属性提供了对每个设备的详细描述和定位信息。

在施工图阶段属性信息可以进一步扩展,提供更加详细和具体的描述,包括部件级属性、连接属性。

(1)部件级属性。与初设阶段相同,部件级属性包含了电气部件的几何信息、属性信息、布置信息、端部约束信息、安装信息等,用于描述部件定位和部件间关联关系。

(2)连接属性。连接属性包括定位信息、构件信息、零件几何信息和零件定位信息,用于描述节点连接的情况,例如螺栓排布规则、切角等。连接属性提供了关于构件之间连接方式和细节的信息。在施工图阶段引入这些属性层级,可以更加全面地描述设备模型的属性信息,满足施工图绘制和施工要求的需要。每个属性层级都提供了特定的信息细节,使得模型在施工图阶段能够准确传达各个构件的特征、连接方式,以便于施工人员理解和实施。

初设阶段及施工图阶段的模型属性层次划分示意如图 5-3 所示。

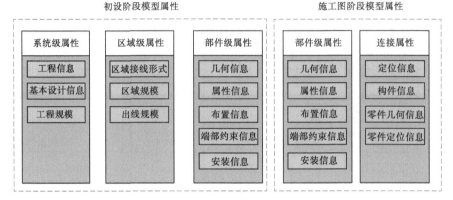

图 5-3　模型属性层次划分示意

5.2.3　三维模型数据关联关系分析

电网工程三维模型的数据内部逻辑可以拆解为如下三个方面：

（1）几何数据描述，即基本几何信息和定位信息描述；

（2）对象属性描述，即非几何信息与定位信息；

（3）对象和属性的关联关系描述，即对象如何挂载属性。

三方面逻辑关系以表格方式呈现，分别为模型对象表、模型属性表以及关联映射表。

5.2.3.1　模型对象表

模型对象表主要用于表达模型中构件的几何和基本定位情况，表中数据只聚焦于某个构件（或对象）本身，不记录此构件（或对象）与其他构件（或对象）的逻辑关联关系。设计软件在应用层面操作该构件（或对象）时，数据交换难度得到了极大降低，不会对模型中的其他数据产生影响。模型对象表根据对象的用途不同，可以拆分为基本模型对象表、连接对象表、基础对象表等，其基本结构如表 5-1 所示。

表 5-1　模型对象表示例

对象 ID	对象类型	几何信息描述	定位信息描述
1	散热器	立方体	坐标点(x,y,z)
2	套管	圆柱体	坐标点(x,y,z)
3	油枕	圆柱体	坐标点(x,y,z)
⋮	⋮	⋮	⋮

5.2.3.2　模型属性表

模型属性表主要用于描述除构件(或对象)几何信息外的其他数据信息。对于一个构件(或对象)而言,可以将其所包含的全部对象的几何及属性进行组合,即可形成其完整的描述方案(特别说明:钢结构的连接节点可以看作是组合对象)。模型属性表可以根据具体应用目的拆分为系统级属性表、构件级属性表、荷载级属性表、连接属性表等四大类。由于属性所包含的信息量较多且可复用性较高,因此属性表在实例数量上少于模型对象表。其基本结构见表 5-2。

表 5-2　模型属性表示例

对象	属性名称	属性值
套管	材料	陶瓷
套管	长度	2 m
散热器	材料	钢板
散热器	高度	300~2 000 mm
⋮	⋮	⋮

5.2.3.3　关联映射表

对象与属性之间的关联映射表由两部分组成(见表 5-3),第一部分表达了对象与对象之间的映射关系,它是一种一对多的 ID 映射,反映到电气工程专业,它可以很好地表达电气设备结构设计的层级组装关系。在进行电气结构设计时,先建立设备表和构件网格线(后简称网格),每一个设备的网格均需要与设备表关联,在此基础上构件关联于网格,由构件和对象组成的设备本体通过设备表组装完成。基于这一组装结果,形成了完整的设备几何。第二部分表达了对象和属性之间的映射关系,在关联映射表中,一个属性 ID 可以匹配多个对象 ID,这样对象就无须挂载属性所有内容,只需通过属性 ID 进行索引即可获得属性表中的具体数据。

表 5-3　关联映射表示例

对象–对象关联映射		对象–属性关联映射	
对象 ID	父对象 ID	对象 ID	属性 ID
1	Null	1	1
2	1	2	2
3	1	2	3
4	2	3	1
5	2	4	3
⋮	⋮	⋮	⋮

模型对象表、模型属性表、关联映射表三种表格之间的关系如图 5-4 所示。

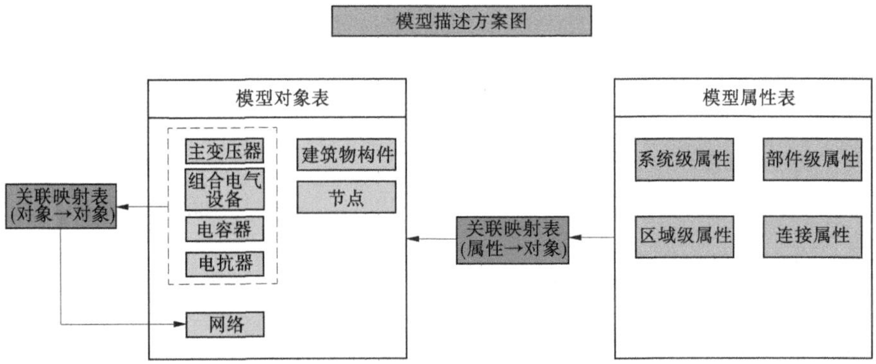

图 5-4　模型描述表关联图

5.2.4　三维模型数据融合过程

基于上述分析,三维模型数据融合具体实现上主要包括数据序列化封装、数据解析重构。完整的模型跨平台转换流程如图 5-5 所示。

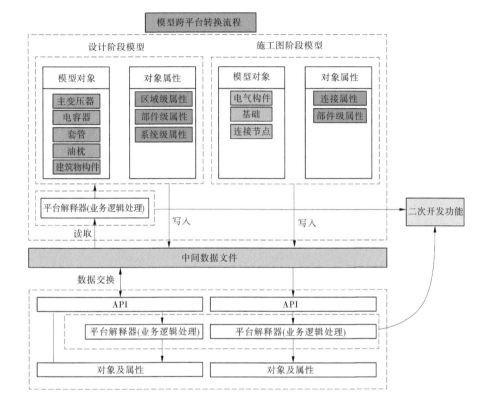

图 5-5　数据融合全流程

数据序列化封装程序可以导出模型对象的几何数据和属性信息并对其进行打包封装,进而输出至 API 接口。封包过程如下:

(1)创建数据结构,定义一个数据结构用来存储三维模型的几何数据和属性,该结构可以是一个类或一个字典,其中的字段对应不同的几何属性,如法线向量、材质信息等。

(2)将几何数据与属性信息序列化为文件格式,这些文件格式提供了一种通用方法来存储和交换模型数据。

(3)将其编码为二进制数据,可以通过字节流的方式对其进行打包。可以使用结构体或者位运算等技术将不同的几何属性转换为二进制表示,并将它们按照特定的顺序进行结合。

（4）使用数据压缩算法，对几何数据及属性进行压缩，以减小数据体积。通过压缩数据减少数据传输所用的时间。

（5）打包为数据包或容器格式，将压缩后的数据打包为自定义的数据包或文件形式。可以创建一个自定义的数据结构，用于存储其数据及属性，并定义相应的标识符、头部信息、数据段等。

API 接收到数据之后，进一步将数据转交给解释器进行数据逻辑解析，后续可得到用于第三方平台展示的几何和属性进行模型重构，反之亦然。

5.3　点云与电网工程三维设计模型的融合

5.3.1　研究概述

三维激光扫描仪采用非接触式高速激光测量方式，以点云形式获取地形及复杂物体三维表面的几何图形数据，因其可以高精度获取被测物体表面的三维坐标，在输电线路勘测设计中有着比较广泛的应用。利用激光扫描的点云数据，结合电网工程三维设计模型，进行两种数据间的叠加、融合处理，可以实现不同数据叠加基础上的融合展示，还可以实现电网工程现场实际与电网工程三维设计模型进行对比分析，发现工程建设实施期间或者竣工验收时与三维设计模型之间不一致的情况，进行两者之间的偏差分析，有助于识别工程建设风险点并及时处理。

5.3.2　点云与三维设计模型叠加路线

点云数据和电网工程三维设计模型都是空间对象，二者融合的关键在于对象之间的匹配，包括对象之间的映射和坐标配准，需要分别分析提取两种数据对应实体对象及几何特征，进行叠加处理。点云与三维设计模型叠加路线如图 5-6 所示。

第一步：三维设计成果数据提取。对三维设计成果进行适当密度的对象采样并得到目标几何特征数据。

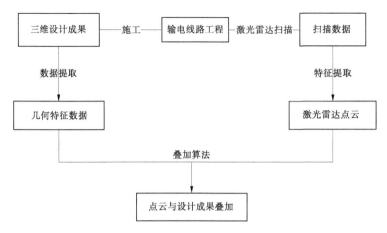

图 5-6　点云与三维设计模型叠加路线

第二步：使用激光雷达扫描设备对工程进行三维测量，获取三维扫描点云数据。

第三步：特征提取，即对扫描点云进行预处理，得到配准过程中必要的有效数据。

第四步：叠加匹配。对点云和三维设计成果数据进行叠加，使其达到最佳匹配。其中，叠加过程包括两个步骤，步骤一是粗叠加，步骤二是精确叠加。粗叠加使点云与三维设计模型之间达到一个大致匹配状态；精确叠加是实现点云与三维设计模型之间最精确的匹配。

5.3.3　点云与三维设计模型坐标配准

配准是点云与三维设计模型叠加融合的关键。配准即是将不同尺度、不同平台、不同坐标系等情况下获得的同一对象的特征，经过几何等变换使同一对象在其方位和位置上达到重合、匹配的过程。在点云与三维设计成果的配准中，一般三维激光雷达点云坐标系和三维设计成果坐标系统不同，必须将测量坐标系下的三维点云变换到三维设计成果的设计坐标系或规定的坐标系下，即完成配准过程。

本书采用了主元分析法、ICP 算法等解决配准问题，实现计算激光雷达扫描点云所在的测量坐标系到三维设计成果所在的设计坐标系的旋转与平移变换、叠加。

（1）主元分析法。

主元分析法（principal component analysis，PCA），其基本目标是找到数据中最主要的元素和结构并去除冗余和噪声，实现复杂数据的降维。PCA 方法简单，无参数限制，被广泛应用于各个领域，例如模式识别、图像压缩、模型匹配等领域。

（2）ICP 算法。

ICP（iterative closest point，最近点迭代）算法通常被称为原始 ICP 算法，该方法通过逐步迭代的方法寻找两个待匹配的点集中对应匹配点，并计算两个点集合之间的刚体变换参数，直到误差测度满足给定的收敛精度或达到最大的迭代次数，最终求得两个点集合之间的刚体变换参数（平移和旋转参数），来完成整个配准过程。ICP 算法获得的解并不一定能保证得到全局最优解，所以需要在开始阶段进行粗叠加得到一个较好的初值之后再利用 ICP 算法进行精确叠加，从而得到一个最优匹配。

5.3.4　点云与三维设计模型融合平台选择

激光扫描点云数据格式种类较多，不同的设备厂家一般有特定的数据格式，并配备专用的数据处理和浏览软件，这些软件一般不能导入第三方的三维模型数据，因此不能作为数据融合平台。而通用三维建模平台，如 3DMax 等，虽然可通过第三方插件读取点云数据，但效率较低，当点云数据量较大时，软件容易崩溃。因此，要实现地面点云数据和三维设计模型的融合，必须借助多源海量数据融合平台，建议选择三维 GIS 平台作为点云与三维设计模型的融合平台。

点云与三维设计模型融合效果见图 5-7。

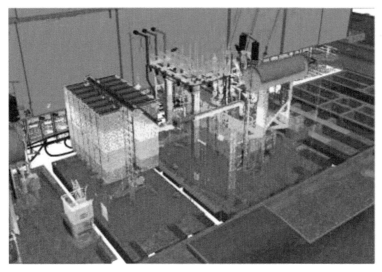

图 5-7　点云与三维设计模型融合效果

第6章 电网工程三维可视化技术研究

6.1　电网工程三维可视化技术基础

三维模型、地形、矢量、影像、激光点云数据切片等技术在电网数字化系统中不可缺少,通过三维切片与数据优化处理,可以使电网工程三维模型的加载与展示更加灵活高效。

6.1.1　电网工程细节层次模型

LOD(levels of detail)细节层次模型技术在不影响视觉效果的条件下,通过逐次简化景物的表面细节来减少场景的几何复杂性,从而提高绘制算法的效率,提高系统的响应能力。

LOD 选择的方法可以分为如下几类:一类是侧重于去掉那些不需要用图形显示硬件绘制的细节;另一类是去掉那些无法用图形硬件绘制的细节,如基于距离和物体尺寸标准的方法;还有一类是去掉那些人类视觉觉察不到的细节,如基于偏心率、视野深度、运动速度等标准的方法。此外,还有一种方法考虑的是保持恒定帧率,如剔除法、距离标准、尺寸标准、偏心率、视野深度、运动速度、固定帧率。

LOD 模型的生成有如下三种方法:

(1)光照模型。这种方法利用光照技术得到物体的不同细节层次,可以用较少的多边形和改进的光照算法得到同包含较多的多边形的表示相似的效果。

(2)纹理映射。具有精细细节层次的区域可以用一个带有纹理的多边形来代替。这个多边形的纹理是从某个特定的视点和距离得到的这个区域的一幅图像。

(3)多边形简化。多边形简化算法的目的是输入一个由很多多边形构成的精细模型,得到一个与原模型相当相似的但包含较少数目的多边形的简化模型,并保持原模型重要的视觉特征。

典型的 LOD 模型生成算法有下列几种:

(1)近平面合并法。基本思想是把近似位于同一个平面上的相邻三角形进行合并,形成一个大多边形,再用数目较少的三角形网格来表示这个多边形。

(2)几何元素删除法。包括顶点删除、边删除和面删除。通过局部几何最优标准反复删除几何元素,此类简化方法能较好地保持细节,一般能保持网格的拓扑结构。

(3)重新划分法。将一定数量的点分布到原有网格上,然后新点与老顶点生成一个中间网格,最后删除中间网格中的老顶点,并对产生的多边形区域进行局部三角化,形成以新点为顶点的三角形网格。

(4)顶点聚类算法。通过检测并合并相邻顶点的聚类来简化网格。

(5)小波分解算法。基于小波变换的多分辨率模型使用了带有修正项的基本网格,修正项称为小波系数,用来表示模型在不同分辨率情况下的细节特征。

6.1.2 三维矢量数据及影像数据切片技术

瓦片地图技术本质上就是把人们通用的地形数据、三维矢量数据、影像数据作为主要的地图背景,并根据指定的尺寸和图片格式,将指定地理坐标系范围内的地图切割成若干行及列的正方形图片,切图所获得的地图切片也叫瓦片。而地图瓦片如何生成,如何根据用户的请求范围实时地将相关瓦片反馈给用户,可通过瓦片索引采用预生成思想将地图进行横向分幅和纵向分级,然后根据用户请求动态检索相应的图块并自动完成拼接。对全球进行空间划分的方法归纳起来主要有等间隔空间划分和等面积空间划分。但在平面电子地图的表达中,瓦片索引在本质上则是地图投影变换和空间索引的融合运用,该索引模型的建立过程须根据其应用特点参考不同地图投影的变形规律。

将世界地图按比例尺的大小分为 16 个等级。采用 CGCS2000 坐标系作为地图瓦片库的坐标系统,以经度和纬度反映地球上任意一点的具体位置,在相同等级的前提下,假定每张地图瓦片跨越的经纬度是相同的,并将地图瓦片的经纬度步长分为 16 个等级。根据实际计算的精度需要,采用非等比数列的步长数组。

6.2　基于地物模型集群聚合方法的三维可视化加载

当前电网工程数字化设计成果移交体系已基本建立,各阶段工程数据不断汇集,三维可视化管控成为电网工程数字化建设的重要手段。然而电网工程数据量变得越来越大,电网工程中存在设备类型繁多、设备形状不规则、线路地形地貌复杂等特点。针对上述问题,必须寻求一种适用于电网工程的三维数据组织和调度技术,实现场景的漫游和应用。我们通过研究提出了基于地物模型集群聚合方法的快速加载策略,对电网工程地物模型集群聚合,减少不同 LOD 中地物模型的数据量,恰当地组织各个 LOD 的模型聚合程度,在不引起三维场景地物模型失真的情况下加快三维场景的展示。然后基于聚合算法生成多叉树混合结构组织地物模型,最后调度多叉树混合结构的节点生成场景树,提高电网工程三维场景的加载速度。下面将以变电站为例进行说明。

6.2.1　地物模型的集群方法

用 $I = \{gp,\ name,\ height,\ area,\ type\}$ 来表示变电站三维场景中的模型。其中,gp 表示模型的正投影图,$name$ 表示模型的名称,$height$ 表示模型的高度,$area$ 表示模型的占地面积,$type$ 表示模型的类型。

为了便于之后模型的聚合,对变电站三维场景中的模型进行投影,得到地物模型的正投影图。由于变电站中的架空线路在 LOD1 中没有视觉贡献,因此去除繁多的架空线路达到简化的目的。投影规则如下:

(1)将变电站的地物模型的所有表面投影到地面,形成封闭的多边形;

(2)取封闭多边形的外轮廓,删除外轮廓内部的边和曲线,作为地物模型的正投影图;

(3)取投影前的地物模型的最高点作为模型的高度,投影后的多边形的面积作为地物模型的面积。

正投影图生成算法明细如下。

输入:变电站中的地物模型数据集

步骤 1:初始化地物模型正投影图 gp,三维地物模型 b,三维地物模

型的表面 s

步骤 2:s←getNextSurface(b)//得到三维地物模型的表面

步骤 3:若 s 不为空,对 s 投影 p←project(s)

步骤 3.1:若 p 是多边形,将 gp,p 合并 gp←unify(gp,p)

步骤 3.2:若不是多边形返回步骤 2,直到 s 为空

步骤 4:gp←merge(gp)将 gp 中的多边形合并到一个正投影图中

输出:地物模型的正投影图

以变电站三维场景中某型号的电流互感器、断路器和变压器为例,其依据投影规则形成的正投影图效果如图 6-1~图 6-3 所示。

(a)三维模型图

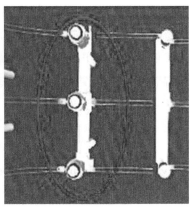

(b)实际投影图

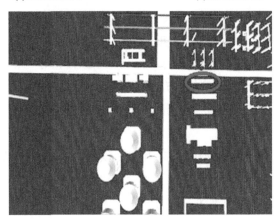

(c)依据投影规则的正投影图

图 6-1　某型号电流互感器

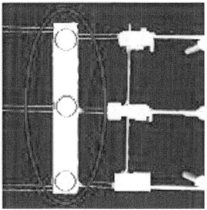

(a)三维模型图 (b)实际投影图

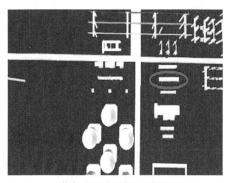

(c)依据投影规则的正投影图

图 6-2 某型号断路器

对三维变电站场景进行聚合之前,需要对变电站中的地物模型进行集群划分,位于道路同侧且属于同一类型的地物模型方可进行聚合。定义变电站地物模型的类型分为设备模型、设施模型,其中设备模型包括主变压器、GIS、电抗器、电压互感器、电流互感器、避雷器、隔离开关、接地开关、电容器、站用变压器、开关柜等,设施模型包括防火墙、建筑物、围墙、避雷针、道路、电缆沟、给排水管道、HVAC 等,属于设备模型的 type 值为 0,归于设施模型的值 type 值为 1。集群划分依据如下:

(1)基于主干道路网络的初划分:由于位于主干道两侧的变电站地物模型进行聚合会影响三维场景的整体面貌,因此通过变电站中的主干道路网交

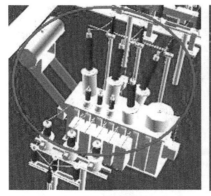
(a)三维模型图

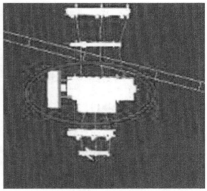
(b)实际投影图

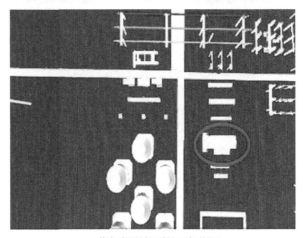
(c)依据投影规则的正投影图

图6-3 某型号变压器

叉所形成区域将变电站地物模型进行分区形成地物模型子集。

（2）基于设备类型的进一步划分：规定不同类别的变电站地物模型不可进行聚合，对初划分得到地物模型子集进一步依据设备类型 type 再划分，最终得到地物模型集群划分子集 I_i。

集群算法明细如下：

输入：地物模型投影图以及地物模型投影图质心

步骤 1：$G(V,E) = $ Delaunay_triangulation(P) 创建所有建筑物的三角剖分

步骤 2:用 e 表示建筑物三角剖分的边,用 r 表示主干道路网集合

步骤 3:若建筑物三角剖分的边集合 E 不为空,LineString road←get_Next_Road(R)取主干道路网中的路

步骤 3.1:若 road 为不空,判断 road 若与 E 相交,delete(E)并返回步骤 3;反之,LineString road←get_Next_Road(R)再执行步骤 5

步骤 3.2:若 road 为空,返回步骤 3

步骤 4:若建筑物三角剖分的边集合 E 为空,算法终止

步骤 5:通过删除边,生成子图,形成地物模型子集。通过地物模型的数据类型标识,对地物模型进一步划分

输出:地物模型集群划分子集

6.2.2　地物模型的聚合方法

通过投影和集群,对地物模型进行预处理,为了降低地物模型数据的复杂程度,通过聚合度函数对地物模型进行聚合。先对地物模型的聚合规则进行定义。

6.2.2.1　地物模型聚合规则

1. 正投影图聚合时的几何规则

假设 Ps1 和 Ps2 是两个地物模型的正投影图,Ps 是聚合后模型。聚合过程的几何规则具体有如下三种情况。

案例 1:遍历两个变电站模型正投影图的所有边,找出两个正投影图中距离最近的两条边,如图 6-4(a)中的 a_1b_1 和 a_2b_2 所示。将距离最近的两条边的顶点连接,使得连接的两条边和最小,形成凸包;然后将最近边的各自相邻的两条边向凸包方向延长,如果延长线与投影图相交则保留,否则删除。重新连接顶点和交点,使得连边和最小。如图 6-4(b)中顶点和交点的连边和最小即 a_1z_1、b_1z_2 连边和。

案例 2:当聚合时模型的正投影图出现圆形时,过圆心作到多边形边的垂线,选择最短的垂线,得到垂直于该垂线的直径,将该直径作为圆的边,按照上述方法进行聚合,如图 6-5 所示。

案例 3:若出现正投影图中的两条边都距离另一个正投影图的边距离最

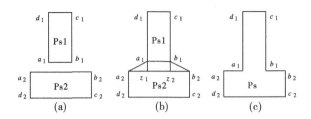

图 6-4　地物模型聚合过程

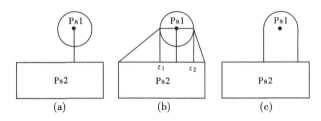

图 6-5　地物模型投影图为圆形时的聚合过程

短,则任选其一。如图 6-6 所示,a_1a_2 和 a_2a_3 两条边距离多变形 Ps2 的距离都为最短时,选择 a_1a_2 边进行聚合。

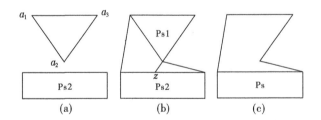

图 6-6　正投影图中多条边之间距离最小的聚合过程

2. 聚合后模型面积和高度的定义规则

由于变电站场景中聚合高度差异较大的两个地物模型,可能引起不同 LOD 层级切换时地物模型显示差异较大,出现模型突变与跳跃。因此,需要设计合适的聚合规则,使得地物模型聚合前后的面积与高度间关系不发生严重失真。

聚合后的地物模型的面积定义为聚合前两个地物模型的面积和,将聚合后的地物模型的高度以加权和的方式定义,聚合成新的地物模型。

6.2.2.2　地物模型聚合流程

依据变电站地物模型集群划分后的一个子集 I_i，将其中面积差异较大的地物模型通过相对面积参数 d 进行加权处理：

$$d = d_e \times \frac{A_{\min}}{A_{\max}} \tag{6-1}$$

式中　d_e——两个模型正投影图中心的欧氏距离；

$A_{\min}$、$A_{\max}$——子集中两个模型正投影图面积的最小值与最大值。

若 d 小于阈值，则将面积较小的模型投影图删除，将面积较大模型正投影图的面积扩展到两个模型面积的和；若 d 大于阈值，则依据聚合度函数式(6-2)判断是否聚合。通过设定阈值，实现不同 LOD 层级下的地物模型的聚合状态。

$$D = \sqrt{d_e^2 + \text{weight}(\text{height}_i - \text{height}_j)} \tag{6-2}$$

式中　d_e——两个模型正投影图中心的欧氏距离；

height_i、height_j——满足上述条件的子集中两地物模型的高度；

weight——高度在聚合度函数中占有的权值，设置适当的权值使得模型显示时不会出现严重失真。

若聚合度值小于阈值，则两个地物模型按照上文所述的聚合规则进行聚合，否则不进行聚合。

6.2.3　基于地物模型动态调度的三维场景构建

通过聚合算法，进一步降低了地物模型的复杂程度，还需要一种模型组织方法快速调度地物模型。为了支持多个 LOD 的实时可视化，基于集群聚合算法通过多叉树混合结构组织地物模型。

多叉树混合索引结构的生成过程是基于聚合算法的，变电站三维场景中具体的地物模型作为叶子节点，依据聚合度函数对集群划分后的子集进行聚合，自下而上地生成二叉树，直到所有的地物模型都进行聚合。二叉树生成过程如图 6-7 所示，开始时地物模型的集合为 $I=\{1,2,3,4,5\}$，根据聚合度值，将 1 和 2 合并为 d，集合变为 $\{d,3,4,5\}$；然后根据聚合度值将 4 和 5 合并为 b，集合变为 $\{d,3,b\}$；再根据当前的最小聚合度值，将 d 和 3 合并为 c，集合变为$\{c,b\}$;最后将 c 和 b 合并,形成最终的聚合后地物模型集合 $G_i=\{a\}$。

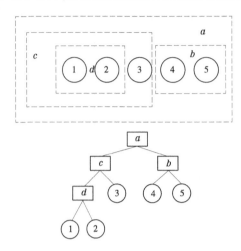

图 6-7　集群聚合后子集内二叉树索引结构的建立

每一个地物集群划分子集由一颗二叉树结构索引组织地物模型数据,有 N 个集群划分后地物模型子集就有 N 棵二叉树,将 N 棵二叉树根节点用一个节点索引生成多叉树混合结构。通过多叉树混合索引结构组织地物模型的过程示意见图 6-8。

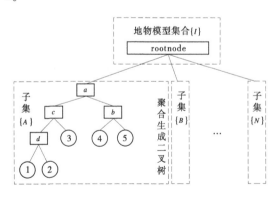

图 6-8　多叉树混合结构组织地物模型过程

地物模型的聚合过程实际上就是指它们索引的地物模型节点的聚合过程,定义多叉树混合结构的节点 node = {gp, type, height, area, father, lchild, rchild},其中 gp、type、height、area 分别为该节点表示的地物模型的正投影图、类型及正投影图的高度和面积;father 指向二叉树中的父节点,lchild 和 rchild

指向左右子节点。节点的成员通过"."进行引用,例如 nodei. father 表示节点 i 的父节点。

多叉树混合结构的生成过程的算法明细表示如下:

输入:集群划分后的地物模型子集

步骤 1:取变电站地物模型集群划分后的节点集合中的两个节点 node1,node2

步骤 2:若 node1 = = node2 是同一个节点,输出 node1 即可;

步骤 3:否则聚合两节点并计算聚合后新节点的高度和面积

步骤 4:建立新节点的属性

步骤 5:重复上述步骤 1~4,直到所有子集都形成二叉树索引

步骤 6:用一个节点索引 N 棵二叉树的根节点形成多叉树混合结构

输出:聚合后的地物模型集

构建的多叉树结构索引存储在计算机中,在可视化过程中,从多叉树混合结构中自上而下地选择合适的节点实现三维可视化过程。变电站三维可视化的场景树构建与用户查看三维场景的视点以及地物模型的面积有关,定义视点因子 k 为正投影图的面积和到视点之间距离平方的比值。从根节点开始测试,若根节点的视点因子 k 值小于阈值,则显示整个场景区域;若视点因子 k 值大于阈值,则测试子节点。在三维交互过程中,根据视点的移动,动态地选择多叉树混合结构的节点实时的生成场景树进行可视化。具体规则如下:

(1)测试树的根节点,计算根节点索引的地物模型正投影图面积 area 和正投影图的中心到视点的距离 dvp,依据先验公式计算视点因子 k。

(2)如果视点因子 k 小于设定的阈值,则该节点被显示在三维场景中;否则计算该节点的两子节点的 k 值,判断是否显示在三维场景中。

(3)如果当前节点没有子节点,则直接显示当前节点,不再计算子节点。

地物模型聚合过程流程见图 6-9。

通过以上规则,可根据不同的视点实时动态测试混合结构节点的视点因子 k,形成变电站三维场景树。基于视点显示三维场景,距离视点较远的模型加载聚合状态的模型,距离视点较近的模型加载分离的精细化地物模型,以减少地物模型的加载量和计算机的缓存开销。

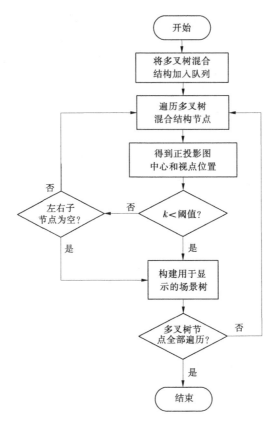

图 6-9 地物模型聚合过程流程

第7章 电网工程数字化成果应用研究

7.1　电网工程三维施工进度仿真应用

7.1.1　应用概述

进度管理是电网工程建设管理重点关注的业务领域,由业主单位、建设管理单位、业主项目部、监理项目部、施工项目部等单位参与,包括施工计划编制、进度填报、进度展示分析等业务内容。

传统的施工进度管理,基本上采用信息上报的方式,内容上多采用上报文件、信息化系统展示、甘特图、二维图形等呈现手段,无法呈现直观、立体及可视化模拟效果,较难被参与工程的各级各类人员广泛理解和接受,给施工进度管理决策增加了难度。

通过融合电网工程三维模型与工程进度信息的 4D 模型,结合工程现场数据采集,仿真模拟工程施工进度,以三维方式清晰地展示施工现场的计划进度、实际进度,以及计划进度和实际进度的偏差情况,真实模拟施工现场过程,实现施工进度随时间变化的可视化模拟,并提供施工单元开工提醒和施工填报预警。通过进度管理可视化、进度状态监控预警,有利于发现施工进度偏差,及时采取措施,纠偏调整,实现电网工程施工进度管控。

7.1.2　应用分析

7.1.2.1　施工基本活动分解

施工活动的分解是编制施工进度计划的前提和基础,而施工活动的分解需要依据一定的建设项目信息分类标准。根据电网工程施工进度计划编排的实际需求,参考现有信息分类体系,提出了适用于施工进度计划自动生成的分解规则。具体如下:

(1)按工程施工所需专业分类。专业分类内容包括基础施工、主体结构工程、建筑安装工程、设备安装、室外工程等。由于不同专业的施工进度计划所需资源以及进度计划的细致程度不同,因此项目分解需按专业进行。

（2）按施工层、施工段分类。在实际工程中，为提高施工效率和质量，或由于施工资源受限，通常需要安排分层分段流水施工。

（3）按施工方法分类。由于不同的施工方案采用的施工工艺、方法不同，因此需按施工方法进行分类。

（4）主体结构分解精度至构件级别，便于施工进度的细化和进度计划精度的调整。例如，通过对同类构件的整合，可以在满足关键节点控制要求下，简化进度计划、便于施工管理；与之相对应，将施工活动分解至更高精度，有利于分析不同构件之间的逻辑关系，以便于精益施工。对于建筑安装工程和装饰装修工程，由于占用工期以及资源比例都较小，可以以房间为单元进行分类，以避免进度计划冗杂而降低效率。

基于上述分解规则，形成了如图 7-1 所示的常见工程建设项目的工作分解结构。在项目分解之后，可以根据进度计划本身的精度需求和施工方面的共性，对构件进行整合。例如，同一施工层（段）、同一尺寸进行归类；相同施工层（段）中，同类但不同位置的构件进行整合归类，从而实现进度计划精细程度的调整，以便于施工关键节点控制和施工过程管理。

7.1.2.2 施工基本活动逻辑关系确定

主体结构施工是整个施工过程的关键，在整个施工周期中占用工期和资源比例最大，通常也是其他专业施工的前提和基础。因此，本书选取主体结构部分作为研究对象，描述施工基本活动间的逻辑约束关系，以及施工进度计划的自动生成方法。

1. 编码体系建立

在施工活动分解后，需要将其转化为计算机可以识别的语言，从而建立施工基本活动之间的逻辑关系。本书采用属性编码方式，基于 GIM 模型本身提供的信息，将其进一步完善，并使其满足进度计划编制的需求。例如，施工段流水、预制和现浇类型、构件类别、同类构件所在位置等，均是进度计划编制所需考虑的信息。

传统的进度计划编制方案需要专业的进度计划管理人员编制和解读，且不能够建立构件或施工活动与时间的一一对应关系，对于某一确定构件，无法从施工进度计划中直接获取其施工开始及持续时间。为此，本书基于构件属性建立编码体系，即每一项编码均代表构件的某一类属性，构件的所有属性编

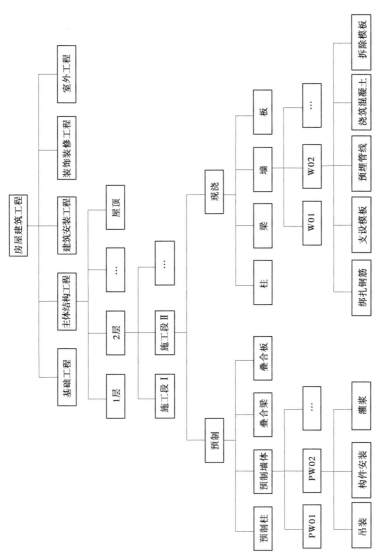

图 7-1　常见工程建设建设项目的工作分解结构

码共同组成构件的编码组合名称,熟悉此编码的施工人员可以通过解读编码直接获取构件的全部信息。通过从 GIM 文件中提取属性信息,可以将构件全局 ID 与构件编码组合名称一一对应,从而实现构件属性的完善和对应。

2. 基于逻辑约束关系的推理规则构建

施工进度计划的编制需要考虑施工活动或者构件之间的逻辑约束关系。本书构建逻辑约束关系包括物理约束关系、工艺约束关系和组织约束关系,如图 7-2 所示。三种逻辑约束关系之间存在互相参照关系,即物理约束关系是工艺约束关系和组织约束关系的前提与基础,组织约束关系需在同时满足物理约束关系和工艺约束关系的前提下实现。例如,梁的施工需在与其搭接的柱完工后进行,组织约束关系中流水施工的前提是先保证物理和工艺约束关系得到满足。

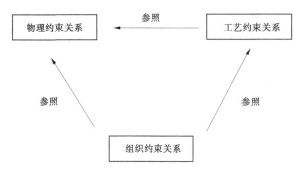

图 7-2　逻辑约束关系

7.1.2.3　施工基本活动持续时间测算

根据施工基本活动之间的逻辑约束关系,可以推理出各施工活动的先后顺序或搭接关系,此外还需计算每一项施工基本活动所持续的时间,从而形成完整的施工进度计划。传统的施工活动工期,通常由人工基于定额计算或者过往工程经验估算得出,而本书在传统计算方法的基础上,通过构件自动匹配定额等数据来自动计算施工活动的持续时间。构件的工程量通过 GIM 解析的文件获得,定额从定额数据库获得,并基于定额数据库转化为更为精确的每人每工时工作量。按每工日 8 工时进行计算,且暂不考虑工人施工熟练程度,即工人类型均假设为普通工人。

综上所述,进度计划自动生成的原理如图 7-3 所示。首先根据 GIM 文件解析和用户输入信息对施工活动进行分解,并基于空间拓扑信息获得构件之间的物理约束关系,然后对于每个构件通过工艺数据库匹配相应的工序序列,结合施工流水等组织约束关系得到各项施工活动间的顺序关系;构件的工程量可以从 GIM 文件中的构件属性获取,根据定额数据和现场资源投入量计算各项施工活动的作业持续时间,进而生成施工进度计划。

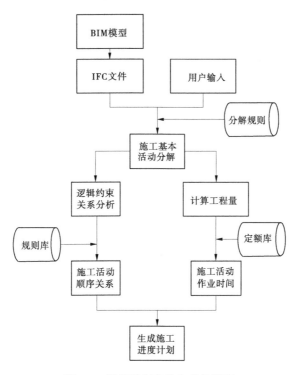

图 7-3　进度计划自动生成的原理

7.1.3　应用示例

7.1.3.1　变电站 4D 施工计划进度仿真

将变电站三维模型与变电站工程施工里程碑计划、一级网络计划、二维网络计划任务建立关联关系,每个任务对应一个或多个三维模型,包括土建、安装工程等各个任务工序;同时能够按照施工计划任务的时间顺序生长变化,动态展示加载电网工程的施工过程。

施工计划进度数据是推动三维模型展示施工进度的基础数据。在以变电站三维模型为载体的同时,按照时间轴展示计划施工每日状态和变化,真实模拟施工现场的施工进度变化(见图7-4),实现施工计划进度可视化推演,提供施工开工提醒和施工填报预警,为计划进度的合理性和修改提供直观数据支撑。

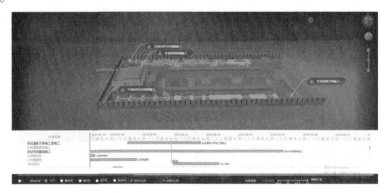

图 7-4　计划进度模拟

7.1.3.2　变电站 4D 施工实际进度仿真

施工管理人员根据施工计划任务及横道图任务实际进度情况,可选择具体施工任务进行三维推演历史进度,提供施工进度的可视化管理手段。

记录、存储变电站施工进度数据及对应三维模型的实时状态,通过时间控制模型的生长变化,动态展示整个施工过程记录(见图7-5)。

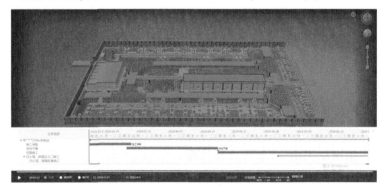

图 7-5　实际进度模拟

7.1.3.3　设备 4D 施工模拟

按照变电设备安装工序的时间顺序,三维模拟变电设备从进场到安装完成全过程,安装过程中记录各关键节点的情况,同时记录安装过程中出现的碰撞、错位、需要的安装机械等信息。

在设备的单独显示场景中,可根据变电站设计阶段使用的三维模型,将每个模型进行拆分。然后根据设备的安装过程一步一步地操作将每个部位安装成一个完整的设备。在安装过程的每一个操作中,可以直接查看安装部位的安全管控要点、预控措施和质量检查点的详细信息。

历史进度回放设备 4D 施工见图 7-6。

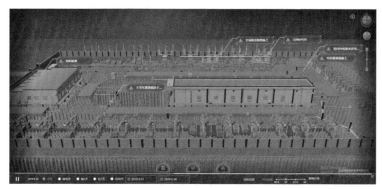

图 7-6　历史进度回放设备 4D 施工

7.1.3.4　横道图辅助分析

通过施工计划任务与三维模型的对应关系,查看横道图任务时可定位展示三维场景中对应的任务模型和施工进度情况(见图 7-7),施工、建设人员可通过二维横道图与三维立体模型共同展示施工进度,辅助建设管理。

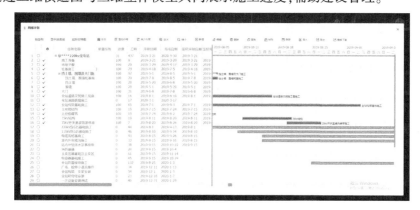

图 7-7　进度分析统计

7.2 电网工程施工交底应用

7.2.1 应用概述

电网工程的施工交底正在从依托纸质图纸方式逐步向基于三维设计成果的方式转变,采取三维模型与二维图纸相结合的方式。基于三维设计成果,可以直观展示设备、土建、隐蔽工程等多种类信息,对施工、监理以及业主单位阐述设计理念和设计细节,并可以自动统计核对工作量等功能,减少设计和施工之间的分歧。对于隐蔽工程、复杂工程更可依托施工交底虚拟现实仿真系统,实现类实景的交底。

7.2.2 应用分析

7.2.2.1 基于三维设计成果的施工交底流程

基于三维设计成果的施工交底技术主要在施工准备阶段应用,应用流程见图 7-8。

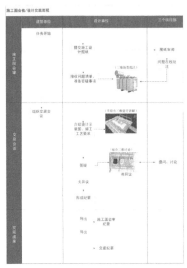

图 7-8 基于三维设计成果的施工交底流程

1. 建管单位组织施工图会审

由建管单位组织设计单位、业主、监理、施工三个项目部,进行施工图会审。

2. 基于三维设计成果的施工交底准备

设计人员准备资料,主要包括带属性、尺寸、工程量信息的三维模型、设计图纸等材料,并准备交底大纲。

3. 三维设计成果预审

设计人员先将三维设计成果、设计图纸通过系统发送至业主项目部人员、监理项目部人员、施工项目部人员,由施工人员通过系统预先审查三维设计成果、设计图纸,标注问题,并反馈至设计人员。

4. 预审问题整改

系统自动汇总模型批注问题、图纸批注问题,并形成问题清单,发送给设计人员,设计人员通过系统答复并整改问题。

5. 建管单位组织会议

建管单位组织基于三维设计成果的施工交底会议。

6. 基于三维设计成果的施工交底

设计人员将修改后的三维成果通过系统进行演示和汇报,并现场向参会人员进行问题答疑,施工人员审核并形成会审意见。设计人员将交底大纲中的工程概况、设计意图、施工工艺等向参会人员逐项介绍。

7. 会议纪要输出

系统自动汇总问题答疑,交底大纲数据信息,输出施工图会审纪要和设计交底会议纪要。

7.2.2.2 施工交底虚拟现实仿真系统

变电工程施工虚拟现实仿真集施工工艺设计、技术考核、仿真试验和仿真数据分析及处理等于一体,设置系统集成模块,将标准工艺集成到仿真系统中,将抽象的概念、复杂的技术、重要的措施、规范的行为用3D虚拟仿真技术进行模拟,直观地展示给施工人员,从而完全交底施工技术。

电网工程施工通过虚拟仿真系统将模拟仿真、仿真实验等功能汇集于虚拟施工场景中,利用三维图形引擎、模型简化、模型动态加载等技术优化系统,提高系统的运行效率。

变电工程施工交底虚拟现实仿真技术的应用,可以按照施工工序,全面展示整个施工过程,使施工人员可以系统性地了解施工技术、安全、质量等知识,增强作业人员的直观印象。

7.2.3 应用示例

7.2.3.1 三维模型展示

可通过系统快速浏览三维模型,并提供飞行、漫游、视点管理等功能操作,用户可通过鼠标和键盘完成三维模型快速浏览及定位,见图7-9。

图 7-9　模型浏览

7.2.3.2 三维碰撞检查

1. 电气安全净距校验

根据电气设计相关规范,系统内置电气安全净距校验功能(见图7-10),用户可根据高海拔修正修改 A、B、C、D 的值,系统提供全图校验、框选校验等方式;校验结果直接显示并同时提供定位功能。

2. 综合碰撞检查

系统提供软硬碰撞两种检查模型,用户可自由设定软硬碰撞规定距离,并提供全图校验、框选校验等方式;校验结果直接显示并同时提供定位功能,见图7-11。

7.2.3.3 分对象显示

提供分对象显示功能,可按照不同设备、设施类型分别查看与隐藏,如提

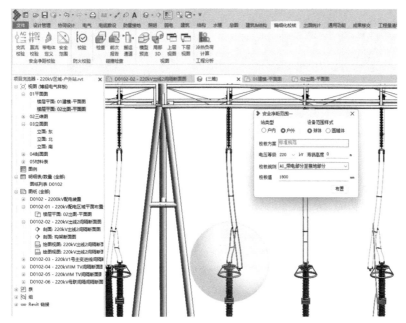

图 7-10　安全净距

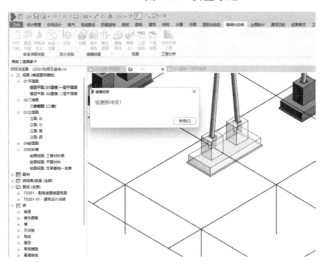

图 7-11　碰撞检测

供土建、电气等类型,亦可提供地面上和地面下显示,见图 7-12。

图 7-12　分层显示

7.2.3.4　设备、设施模型检索及查看

可通过搜索功能,快速定位设备、设施模型,包括按照设备和设施名称、设备型号、编码等不同内容检索。同时可查看设备、设施所有属性信息,以及相关联的设计资料,见图 7-13。

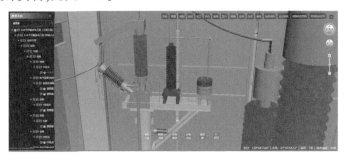

图 7-13　检索及查看

7.2.3.5　设备、设施参数标注

1. 几何属性标注

通过选择显示标注,可以在三维模型上直接展示模型几何属性。可以选择单个模型以及分类、分层选择模型,显示模型的几何属性。

可以在三维场景中对三维模型以及模型之间的间距进行测量,场景中直接显示出测量的几何属性,见图 7-14。

2. 材料、工程量标注

针对全站三维数字化模型,统计全站材料表,并提供统计相关设置功能,包括导体统计裕度等设置,见图 7-15。

针对电气模型,统计电气装置材料表,并提供统计相关设置功能,包括导体统计裕度等设置。

图 7-14　空间测距

材料统计

	序号	名称	型号及规范	电压等级	厂家	单位	备注	数量
扩展导出1029_龙星220(								
电气一次	> 1	主变压器	户外三相，散热器挂本体，SFSZ11-240000/220	AC220kV	常州西电变压器有限责任公司	台		3
3#主变系统								
3主变								
间隔棒	> 2	220VGIS 1M母设间隔	三相共箱，双母线 ZF1-252	AC220kV		套		1
设备线夹								
电抗器组	> 3	220kVGIS IIM母设间隔	三相共箱，双母线 ZF1-252	AC220kV		套		1
动力（电								
主变压器	> 4	220kVGIS 母联间隔	三相共箱，双母线 ZF1-252	AC220kV		套		1
排母线								
其他	> 5	220kVGIS 主变进线间隔	三相共箱，进线，双母线 ZF1-252	AC220kV		套		3
大于等于								
隔离开关	> 6	220kVGIS 出线间隔	三相分箱，架空出线，双母线 ZF1-252	AC220kV		套		6
配电盘、								
软母线	7		220kV通用GIS套管(500-A	AC220kV				22
T接金具								
管母线								
10kV系统								
电抗器3								
其他								

导出excel

图 7-15　材料统计

7.2.3.6　图纸对比

选择三维模型，系统自动调用与其关联的平面图和断面图，并把其放在同一界面内，方便进行对比和审查，见图 7-16。

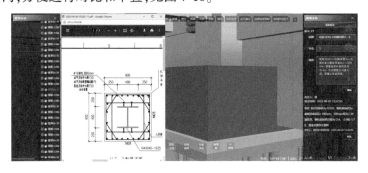

图 7-16　图纸对比

7.2.3.7　三维批注

会审人员发现问题可直接在三维模型上添加批注,在记录问题的同时系统自动记录当前视角,见图 7-17。批注完成后,批注模型高亮显示,并显示批注人员等相关信息。

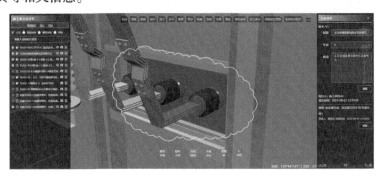

图 7-17　三维批注

7.2.3.8　会议纪要导出

根据会审意见模板,系统获取三维批注信息和其他检查信息自动生成会审纪要草稿版(见图 7-18),并提供下载功能。

输变电工程三维设计成果施工图会检纪要

工程名称: 110 千伏变电站新建工程

会议地点	供电公司 1# 会议室		会议时间	2023-07-17	
会议主持人		建管	参会人员	施工单位 slx,楼工,建管,监理单位 slx。	
序号	问题	答复	三维记录		结论
1.	T0103-04 大门平开大门能否改为电动 (大门向外开启后,占…	1. 大门可改为向内开启;按照最新防恐要求,升降柱不可取消。			通过
2.	主变穿墙套管加固未见详细节点。	1. 有详细节点,详见图 T0203-05 节点大样 1。			通过
3.	T0202-03 图 L 轴 -2.1 底板 -2.5。承台高于板	1. 请按图施工			通过
11.	结施 T0202-11 柱脚详图中,柱底标高为基础顶面向上 100…	1. 砼柱顶标高为 -0.050,钢柱底标高为基础顶标高 +100mm,100mm 厚为二次灌浆层,钢柱底标高分别为 -2.4、-2.0 和 -1.70,具体位置详见图纸。			通过
会签意见:		会签意见:	会签意见:	会签意见:	
业主项目部(章)		监理项目部(章)	设计单位(章)	施工项目部(章)	
业主项目经理: 陈斌		总监理工程师: 监理单位	总设: 楼佳悦	项目经理: 施工单位 slx	

图 7-18　三维会审纪要模板

7.3　电网工程无纸化施工试点应用

7.3.1　应用概述

目前,很多单位已经具备了三维数字化设计能力,并在大量项目中进行了应用。但是,在项目施工过程中,仍大量采用施工图纸方式进行现场管理,大量三维设计成果还是通过二维图纸的方式提供给施工单位,施工人员需要携带大量图纸到现场,并需要抄写大量的施工相关数据。电网工程无纸化施工主要研究基于三维设计成果的施工方法、信息展示内容和展示方式、数据格式等内容。

7.3.2　应用分析

在工程项目建设过程中,对安全文明施工、标准工艺检查以及整改闭环等环节的跟踪管理手段相对简单单一,设备设施的施工方案、施工图纸、设备属性查找检索不方便。

通过利用三维设计成果进行施工信息直观展示,包括对需要标注的关键模型进行描述,对施工节点、说明文字以及模型从属关系的描述,形成规范化、结构化的三维辅助描述方法和数据,并把这些描述数据添加到三维设计成果中,在施工过程中高效清晰地表达施工人员所需的设计成果中的关键数据,以移动终端替代图纸、文档,实现现场无纸化施工,对现场工作效率的提升有极大的促进作用。

依据设计移交及施工要求,参照《输变电工路数字化移交技术导则　第 1 部分:变电站(换流站)》(Q/GDW 11812.1—2018)等,提出变电站土建结构、电气一次设备需要进行标注的三维模型,见表 7-1、表 7-2。

表 7-1 土建结构模型总表

序号	土建结构
1	架构
2	支架
3	避雷针
4	建筑物
5	基础
6	油坑
7	道路
8	围墙
9	电缆沟
10	管线
11	大门

表 7-2 电气一次设备总表

序号	设备类型
1	变压器
2	高压并联电抗器
3	组合电器 GIS
4	组合电器 HGIS
5	断路器
6	隔离开关
7	接地开关
8	中性点设备
9	电流互感器
10	电压互感器
11	并联电容器
12	低压并联电抗器

续表 7-2

序号	设备类型
13	避雷器
14	支柱绝缘子
15	开关柜
16	穿墙套管
17	消弧线圈及接地变压器成套装置

7.3.3　应用示例

7.3.3.1　三维标注技术

基于施工人员读图习惯和施工因素,分析设计移交的模型和模型描述数据,解析出标注的内容。土建结构与电气一次需要的主要数据通过多层级的三维展示方式,在系统中显示对应的三维标注,施工人员在查看三维模型的同时,能看到其中准确的标注尺寸,辅助施工工作,见图 7-19。

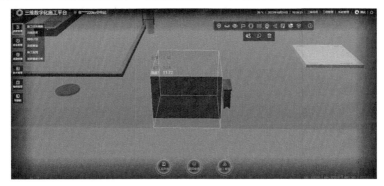

图 7-19　尺寸标注

三维场景目录树中每个叶子节点,将对应在三维场景中相应的地理位置,用户在移动端可按不同层级展示模型标注信息,并提供模型快速查询定位功能。

7.3.3.2　施工单元逻辑编辑技术

依据设计阶段的模型单体与施工模型划分方法常存在划分不一致问题,

分析设计阶段的模型逻辑结构及划分的特点,见图7-20。按照施工阶段对三维设计模型的需求,为提高施工作业效率,施工人员需要以工程为单位进行模型逻辑结构的调整,将多个设计模型组合为一个施工单元,本节研究模型逻辑结构的整调、合并技术,见图7-21。

图 7-20　模型逻辑结构及划分

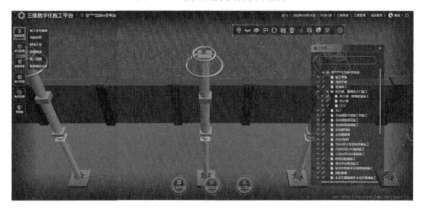

图 7-21　施工单元

7.3.3.3　基于三维设计成果的无纸化施工试点应用

1. 三维设计成果准备

施工前,施工人员准备三维设计模型,且模型必须带有土建结构及电气一次的关键标注内容。

2. 施工单元模型逻辑结构重组

施工人员根据施工需求,在软件系统中,对设计模型逻辑结构进行重新划分,使模型结构适应施工要求。

3. 无纸化施工试点应用

通过移动设备,施工人员可对变电站全貌进行三维对象化查询。在移动端完整、完全展示变电站全貌以及周围环境,施工人员通过平移、旋转、缩放、定位、选中等操作查看土建、电气三维模型及属性信息,见图 7-22。设备设施属性信息包括电气属性、土建属性、人员属性、机具属性、图纸方案等,见图 7-23、图 7-24。

图 7-22　变电设备设施三维属性查询

图 7-23　输电线路元素属性查询

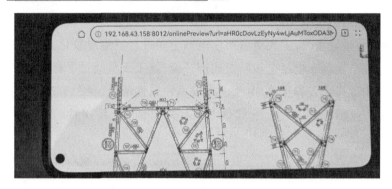

图 7-24　移动端查看施工图纸

7.4　输电线路工程竣工验收辅助

7.4.1　应用概述

输电线路工程有着广阔的架设范围,距离延伸较长,覆盖面积较广,传统的输电线路竣工验收方法工作量大、耗时长、人力与财力成本高,已不能满足电网发展的需求。而面向三维建模的三维激光雷达探测与定位技术,可以快速地获取高精度激光点云与高分辨率的数码影像,可以自动测出地物与电线之间的距离并快速清查安全隐患点,结合线路工程三维设计成果进行分析比对,进行线路施工质量研判,辅助完成线路竣工验收。

7.4.2　应用分析

传统的输电线路竣工验收作业模式,验收人员面临着巨大的工作量,检查任务繁重。特别是跨越高山和大江大河的输电线路的竣工验收,地势险峻,所需时间长、困难大、风险高。因此,本书提出了三维激光雷达系统于输电线路工程验收中的应用。

应用无人机激光雷达扫描技术对线路走廊地形进行高精度三维实景建模,将激光点云与输电线路工程三维设计模型进行叠加,按照验收标准要求,实现对线路通道、交叉跨越、杆塔本体、导地线弧垂等自动测量分析,直观显示危险点和隐患点并形成验收检查报告,提升输电线路工程竣工验收的质量和效率。

基于点云与三维设计成果的线路验收处理流程如下:

(1)基于点云数据的线路实景模型构建。利用激光雷达技术完成竣工线路点云数据收集,对点云数据进行噪声点滤除、数据分类,之后完成电力线拟合与塔杆定位处理,结合数字正射影像及数字高程模型数据,完成基于点云数据的输电线路的实景模型构建。

(2)输电线路三维模型成果解析和展示。基于三维 GIS,将输电线路竣工阶段移交的三维设计模型导入系统,对工程信息、线路相关属性、几何信息等数据进行解析,梳理线路组成部分之间的拓扑关系,实现对线路三维模型的按需加载展示。

(3)激光雷达扫描点云解析与叠加展示。将三维点云数据进行导入和加载,将 GIS 坐标进行转换,形成点云模型。通过计算得到点云和三维设计成果中的全部杆塔中心坐标。对点云和三维设计成果的杆塔中心坐标进行叠加,以三维设计成果为基准,将存在差异的杆塔用不同颜色进行标注。系统自动生成杆塔中心叠加差异结果,辅助验收人员完成对杆塔中心定位的验收工作。

(4)辅助验收。依据《110 kV~500 kV 架空线路施工及验收规范》(GB 50233—2014)设置验收标准,在验收人员测量检测时,可以方便、快捷查看相应的验收标准,辅助验收人员开展验收检查工作。

(5)验收报告。完成杆塔倾斜测量、转角塔转角、线路走向角度、杆塔总高、导地线弧垂、净空排查、交叉跨越距离、风偏距离等项目的检查,进行分析和总结,通过系统显示缺陷点,生成验收检查报告。

7.4.3　应用示例

7.4.3.1　杆塔倾斜测量

从输电线路激光雷达扫描点云数据中获取每座杆塔的塔底中心轴坐标 $A_1(x_1、y_1、z_1)$ 和塔顶中心轴坐标 $A_2(x_2、y_2、z_2)$,自动计算杆塔中轴线与地面垂线的夹角,从而获得杆塔倾斜度测量结果。将计算获得的全部杆塔倾斜度测量结果与杆塔倾斜度设计标准进行对比,比较差异,对超出标准范围的杆塔进行标识。系统自动生成杆塔倾斜测量差异结果,辅助验收人员完成对杆塔倾斜测量工作,见图 7-25。

图 7-25　杆塔倾斜测算

7.4.3.2　线路走向角度

获取激光雷达扫描点云中的杆塔中心点坐标 $A_n(x_n, y_n, z_n)$,自动计算沿来去方向的杆塔中心点坐标连线的夹角 α,通过 $180°-\alpha$ 计算得出激光雷达扫描点云的转角塔转角角度。依据线路走向角度验收标准,将实际的线路走向角度与设计要求的线路走向角度进行对比,对超出验收标准范围的线路走向角度进行标识并生成差异结果,辅助验收人员完成对线路走向角度的验收工作。

7.4.3.3　杆塔总高

从激光雷达扫描点云中自动获取输电线路工程中每座杆塔的最低点坐标 $A_1(x_1, y_1, z_1)$ 和最高点坐标 $A_2(x_2, y_2, z_2)$,计算两点间的垂直距离 m,得到杆塔总高的测算结果。依据杆塔总高验收标准,与计算获得的杆塔总高实际测算结果进行对比,对超出验收标准范围的线路走向角度进行标识并生成差异结果,辅助验收人员完成对杆塔总高的测量工作。

7.4.3.4　净空排查

从激光雷达扫描点云中获取导线上相对于下方地物点的三维坐标 $A_1(x_1, y_1, z_1)$,以及地物点的三维坐标 $A_2(x_2, y_2, z_2)$,批量计算 A_1 点与 A_2 点的连线距离,得到激光雷达点云的净空排查距离,见图 7-26。选取测算结果中的最小值与净空排查验收标准进行对比,超出验收标准范围时进行标识并生成差异结果,辅助验收人员完成净空排查工作。

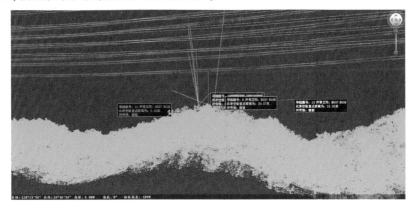

图 7-26　净空排查测算

7.4.3.5　导地线弧垂

从激光雷达扫描点云中获取导线与两悬挂点的坐标 $A_1(x_1,y_1,z_1)$ 和 $A_2(x_2,y_2,z_2)$,系统自动计算下方导线上的点与 A_1、A_2 连线的垂直距离,得到导地线弧垂测算结果。选取测算结果中的最小值与导地线弧垂验收标准进行对比,对超出验收标准范围进行标识并生成差异结果,辅助验收人员完成对导、地线驰度检查工作。

7.4.3.6　交叉跨越距离

在激光雷达扫描点云中,对于交叉线路,应自动获取两根交叉线路相对于地面的三维坐标 A_1 和 A_2,计算 A_1、A_2 之间的垂直距离,得到交叉距离;对于跨越线路,应自动获取导线的最低点坐标 B_1 和跨越的公路、铁路坐标 B_2,计算 B_1、B_2 之间的垂直距离,得到跨越距离,见图 7-27。然后选取计算结果中的最小距离,依据交叉跨越验收标准,进行标准对比,超出验收标准范围时进行标识并生成差异结果,辅助验收人员完成对交叉跨越距离的测量工作。

7.4.3.7　风偏距离

在激光雷达扫描点云中根据风偏角度对导线进行模拟,模拟风偏条件下的导线位置,计算模拟位置导线的净空距离,并将计算获得的净空距离与验收标准进行对比,超出验收标准范围时进行标识并生成差异结果,辅助验收人员完成对风偏距离的测量工作。

图 7-27　交叉跨越测算

第8章 后 记

随着电网数字化技术的推进,电网工程数据管理与应用工作将持续深入,新情况、新问题还会逐步出现,因此在后续工作中还需要根据工程建设管理实际需求,应用数字化技术推动相关研究继续深入开展。

(1)完善标准体系。在现有电网工程数据管理技术研究的基础上,建立面向电网数字化发展需求的电网工程数据标准体系及技术框架,深入分析业务需求,针对业务发展与数据管理要求,拓展电网工程数据管理深度及广度,支撑电网数字化技术发展及应用落地。

(2)优化数据组织方式。结合电网工程数据相关业务应用的数据架构,研究面向海量异构工程数据的跨业务、跨系统的数据关联、集成与贯通,优化数据架构及数据组织方式,实现多专业、跨区域、跨层级的异构数据融合的组织与管理。

(3)增强数据预处理能力。随着电网工程数据在工程建设与管理中的深化应用,为提升数据质量,增强数据的准确性、可用性,数据的清洗、转换和规范化要求会越来越高,需要研究多种算法之间的高效融合技术,从海量的数据中清洗、提取出有效的数据信息。

(4)支撑工程建设数字化变革。随着数字孪生、虚实互馈技术在电网工程中的应用,支撑打造满足虚实交互、实景管控需求的数字化电网。基于虚实结合的电网"一张图",以数字技术手段辅助工程建设,推动工程建设技术变革和建设管理水平的提升。

(5)推动形成电网工程数据资产。优化完善电网工程数据管理工作机制,加强数据治理,支撑形成贯穿电网建设全环节、打破专业壁垒的数据资产,扩展电网工程数据的应用范围,为多环节、跨专业的数据共享提供有力条件,支撑电网资产管理、运检等业务的应用,最终实现电网工程大数据在电网工程规划、可研、建设、运行及资产管理的全环节应用。

参考文献

[1] Roy S B, Eliassi-Rad T, Papadimitriou S. Fast Best-Effort Search on Graphs[C]// 32nd IEEE International Conference on Data Engineering. Helsinki, Finland, 2016:1574-1575.

[2] Fang Y, Cheng R, Luo S, et al. Effective community search for large attributed graphs [J]. Proceedings of the Vldb Endowment, 2016, 9(12):1233-1244.

[3] Hsu C C, Lai Y A, Chen W H, et al. Unsupervised Ranking using Graph Structures and Node Attributes[C]// Tenth ACM International Conference on Web Search and Data Mining. Cambridge, United Kingdom, 2017:771-779.

[4] 刘平,张旭志,许邦鑫.变电站激光扫描点云数据与三维设计模型融合应用研究[J].低碳世界,2020,10(12): 57-58.

[5] 韩文军,余春生.面向输变电工程数据存储管理的分布式数据存储架构[J].沈阳工业大学学报,2019,41(4): 366-371.

[6] 韩文军,孙小虎,吉根林,等.基于卷积神经网络的多光谱与全色遥感图像融合算法[J].南京师大学报(自然科学版),2021,44(3): 123-130.

[7] 周水庚,胡运发,关佶红.基于邻接矩阵的全文索引模型(英文)[J].软件学报,2002,13(10):1933-1942.

[8] 杨光宇.全文检索系统 Lucene 的分析与扩展[D].长春:吉林大学,2009.

[9] 王祯显,廖小建,杜晓玲.工程造价快速估算新方法及其应用[M].北京:中国建筑工业出版社,1998.

[10] 王祯显.土木工程管理中的模糊数学方法[M].长沙:湖南大学出版社,1989.

[11] 张协奎,钱永峰.基于灰色关联分析的建筑费用估算[J].建筑经济,2000(6):41-42.

[12] 荀志远,于彩华;加权灰色关联度法在工程投资估算中的应用[J].建筑技术开发,2001(9):47-49.

[13] 邵良彬,高树林.基于人工神经网络的投资预测[J].系统工程理论与实践,1997,17(2):67-71.

[14] 邓焕彬,强茂山,刘可.基于神经网络的公路工程造价快速估算方法[J].中南公路工程,2006(3):127-130,134.

[15] 曾亚飞.基于 Elasticsearch 的分布式智能搜索引擎的研究与实现[D].重庆:重庆大学,2016.

[16] 匡俊搴,赵畅,杨柳,等.一种基于深度学习的异常数据清洗算法[J].电子与信息学报,2022,44(2):507-513.

[17] 钟少恒,曹小冬,邱细虾,等.基于随机森林算法的通信大数据重复清洗方法[J].信息技术,2022(4):159-164.

[18] 刘昆,冉春玉,尹险峰,等.数据清洗在WebService信息集成系统中的研究[J].计算机与数字工程,2008(4):96-98.

[19] 杨亚洲,钱秋明,梁鸭红.基于k-means聚类方法的曲线按比伸缩置换缺失数据补全法[J].电气自动化,2021,43(2):50-52.

[20] 吴烨.基于图的实体关系关联分析关键技术研究[D].长沙:国防科学技术大学,2014.

[21] 崔阳阳,赵洪山,曲岳晗,等.基于残差U型网络的低压台区电力缺失数据补全方法[J].电力系统自动化,2022,46(9):83-90.

[22] 孟欣宁,焦瑞莉,刘念,等.基于随机森林插值的中亚夏季极端高温变化特征[J].干旱区研究,2020,37(4):966-973.

[23] 王颖.数据挖掘技术在电力线路工程造价管理中的应用研究[D].重庆:重庆大学,2008.

[24] 徐君,王旭红,王彩玲.基于数据简化的改进非负矩阵分解端元提取方法[J].激光与光电子学进展,2019,56(9):90-95.

[25] 张军军,邢帅,李鹏程,等.边缘系数建筑物雷达点云数据简化方法[J].测绘科学,2016,41(5):91-95.

[26] 王竣,王修晖.基于边曲率的网格模型简化算法[J].中国计量学院学报,2016,27(1):73-79,85.

[27] 马胜国,魏本海,刘国川,等.泛在电力物联网在智能配电系统的应用实践[J].电子测试,2022,36(7):132-134.

[28] 袁红团.基于云计算智能电网安全运维管理系统设计与研究[J].自动化与仪器仪表,2021(6):120-122,127.

[29] 田晓鹏.人工智能在电网运行领域中的应用研究[J].农村电气化,2022(4):38-41.

[30] 王仁德,杜勇,沈小军.变电站三维建模方法现状及展望[J].华北电力技术,2015(2):19-23.

[31] 刘扬,向俊杰,付涛.探讨基于虚拟现实技术的变电站三维仿真技术[J].广西电力,2008(3):54-57.

[32] 谢成.基于虚拟实境技术的变电站三维仿真培训平台的研制[D].上海:上海交通大

学,2009.

[33] 傅源.变电站三维虚拟现实系统的研究及应用[D].成都:电子科技大学,2008.

[34] 王书良,杨新林.三维激光扫描仪点云数据在 AutoCAD 中的处理[J].山西建筑,2008 (22):360-361.

[35] 米晓峰,李传荣,苏国中,等.LiDAR 数据与 CCD 影像融合算法研究[J].微计算机信息,2010,26(10):113-114,122.

[36] Huang G B,Wang D H, Yuan L. Extreme learning machine：a survey [J]. International Journal of Machine Learning and Cybernetics,2011,2(2)：107-122.

[37] Baliyan Arjun, Gaurav Kumar,Mishra Sudhansu Kumar. A review of short term load fore-casting using artificial neural network models[J]. Procedia Computer Science,2015,48：121-125.

[38] 宋鹏飞.三维测量点云与 CAD 模型配准算法研究[D].合肥:中国科学技术大学,2016.

[39] 《特高压变电站换流站施工与运维检修》编委会.特高压变电站换流站施工与运维检修[M].北京:中国水利水电出版社,2016.

[40] 孙小虎,韩文军,潘娟,等.基于聚合与动态调度的变电站三维可视化研究[J].计算机工程,2019,45(12):300-307.

[41] 朱柳慧,王广江,朱伊姝.三维设计技术在变电站电缆敷设中的应用研究[J].机械设计与制造工程,2021,50(11):121-126.

[42] 单强,石威宵,许湧平.基于三维设计成果的变电施工方案模拟及进度管控系统技术研究[J].山西电力,2022(6):63-67.

[43] 李宁,陈彬,徐凯.一种基于道路网络拓扑改进的格网空间索引算法[J].上海师范大学学报(自然科学版),2008(5):482-485.

[44] 朱晓峰.大数据分析概论[M].南京:南京大学出版社,2018.

[45] 杨青.探析 AIoT 技术在城市治理领域的深度应用[J].中国安防,2020(8):35-44.

[46] 盛大凯,郯鑫,胡君慧,等.研发电网信息模型(GIM)技术,构建智能电网信息共享平台[J].电力建设,2013(34):1-5.

[47] 李忠月.三维模型检索中的预处理技术[J].计算机工程与设计,2006(10)：182-184.

[48] 李海生,赖龙,蔡强,等.Hadoop 环境下三维模型的存储及形状分布特征提取[J].计算机研究与发展,2014(51):18-19.

[49] 吕钢,郑洪源,周良.修正 Hausdorff 距离在工程图纸预处理中的应用研究[J].中国制造业信息化,2006(10):59-62.

[50] 周良,谢强丁,秋林.基于图匹配的工程图纸检索[J].南京航空航天大学学报,2008
(6):354-359.

[51] 刘茂福,周斌,胡慧君,等.问答系统中基于维基百科的问题扩展技术研究[J].工业
控制计算机,2012(9):101-103.

[52] 兰奇逊,殷其光,汪寅睿,等.基于通讯数据的社群聚类数学研究[J].河南城建学院
学报,2019(28):73-80.

[53] 叶发杰.基于卷积神经网络的遥感图像融合算法[D].长春:吉林大学,2019.

[54] 李树涛,李聪妤,康旭东.多源遥感图像融合发展现状与未来展望[J].遥感学报,
2021,25(1):148-166.

[55] 黄波,姜晓璐.增强型空间像元分解时空遥感影像融合算法[J].遥感学报,2021,25
(1):241-250.

[56] Ghassemian H. A review of remote sensing image fusion methods[J]. Information fusion,
2016,32:75-89.

[57] Fan C,Wang L,Liu P,et al. Compressed sensing based remote sensing image reconstruc-
tion via employing similarities of reference images[J]. Multimedia tools and applications,
2016,75(19):12201-12225.

[58] 夏春林,王佳奇.3DGIS中建筑物三维建模技术综述[J]. 测绘科学, 2011,36(1):
70-72.

[59] 韩文军,李多,朱承治.三维激光雷达系统在输电线路工程验收中的应用[J].电子设
计工程,2019(20):18-21.

[60] 何炜亭,李元江,蒋韦峰.三维激光扫描技术与 PDMS 相结合在核电厂建造安装期间
的应用[J].科技创新导报,2019,16(20):71-73.